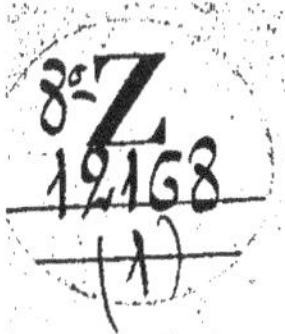

UNIVERSITÉ DE FRANCE

TRAVAUX & MÉMOIRES

DES

FACULTÉS DE LILLE

TOME I. — Mémoire N° 2.

P. DUHEM. Des Corps Diamagnétiques.

LILLE

AU SIÈGE DES FACULTÉS, PLACE PHILIPPE-LEBON

1889

EN VENTE

à PARIS, chez : Gauthier-Villars et Fils, 55, quai des Gds-Augustins.

— Alph. Picard, rue Bonaparte, 82.

à LILLE, chez : Le Bigot Frères, rue Faidherbe, 11 et 13.

UNIVERSITÉ DE FRANCE

TRAVAUX & MÉMOIRES

DES

FACULTÉS DE LILLE

TOME I. — Mémoire N° 2.

P. DUHEM. Des Corps Diamagnétiques.

LILLE

AU SIÈGE DES FACULTÉS, PLACE PHILIPPE-LEBON

1889

DES CORPS DIAMAGNÉTIQUES

PAR

Pierre DUHEM

Maître de Conférences à la Faculté des Sciences de Lille

TRAVAUX & MÉMOIRES DES FACULTÉS DE LILLE

Mémoire N° 2.

LILLE

AU SIÈGE DES FACULTÉS, PLACE PHILIPPE-LEBON

1889

DES

CORPS DIAMAGNÉTIQUES,

Par M. P. DUHEM,

Maître de Conférences à la Faculté des Sciences de Lille.

PREMIÈRE PARTIE.

DE L'IMPOSSIBILITÉ DES CORPS DIAMAGNÉTIQUES PROPREMENT DITS.

§ I. — Introduction.

En étudiant au point de vue de la Thermodynamique les propriétés des corps diamagnétiques, j'avais été conduit à certaines conséquences paradoxales au sujet des propriétés de ces corps (¹). Bien que ces conséquences fussent d'accord, au moins en apparence, avec quelques curieuses observations de M. Paul Joubin (²), elles nécessitaient évidemment de nouveaux éclaircissements.

M. Parker (³) a publié récemment une Note qui, malgré son extrême brièveté, me paraît renfermer l'une des idées les plus importantes émises jusqu'ici sur la théorie du Magnétisme. La lecture de cette Note m'a amené à modifier profondément l'interprétation que j'avais tout d'abord donnée des paradoxes auxquels

(¹) *Sur l'aimantation des corps diamagnétiques* (*Comptes rendus*, t. CVI, p. 736; 12 mars 1888). — *Théorie nouvelle de l'aimantation par influence fondée sur la Thermodynamique*, p. 49 (*Annales de Toulouse*, 1888).

(²) P. JOUBIN, *Sur la mesure des champs magnétiques par les corps diamagnétiques* (*Comptes rendus*, t. CVI, p. 735; 12 mars 1888).

(³) J. PARKER, *On diamagnetism and the concentration of energy* (*Philosophical Magazine*, 5ᵉ série, t. XXVII, p. 403; mai 1889).

j'avais été conduit. Je me propose de développer, dans le présent Mémoire, les conséquences de cette nouvelle interprétation.

Commençons par indiquer brièvement en quoi consiste la remarque fondamentale de M. Parker.

Les travaux de Clausius sur le principe de Sadi Carnot l'ont conduit à cette conséquence fondamentale :

Si un système décrivant un cycle fermé non réversible dégage une quantité de chaleur dQ pendant une modification élémentaire durant laquelle il possède la température T, l'intégrale

$$\int \frac{dQ}{T},$$

prise le long du cycle, est forcément positive.

Si le cycle est isothermique, la proposition précédente se transforme bien aisément en celle-ci :

Le travail effectué par les forces extérieures pendant toute la durée du cycle est positif.

M. Parker a montré que cette proposition était en contradiction avec l'existence des corps diamagnétiques. Traduisons les principaux passages de son Mémoire :

« Soit A un morceau d'acier aimanté d'une manière permanente; soit B un morceau d'une substance diamagnétique quelconque, de bismuth par exemple, qui, lorsqu'on le place sous l'influence du corps A, est aimanté par influence et *repoussé* par A. Supposons que l'on effectue les cycles suivants d'opérations à température constante.

» *a*. Le corps B est amené d'une position P, éloignée de A, à une seconde position Q, voisine de A, et cela de manière que l'aimantation de ce corps B ait à chaque instant sa valeur maximum; soit W le *travail dépensé*. Supposons ensuite que le corps B retourne à sa position primitive P en suivant en ordre inverse la modification précédente. Le travail W, qui avait été dépensé dans la modification précédente, est recouvré dans celle-ci. Il n'y a donc, en somme, ni perte ni gain de travail mécanique.

» *b*. Le corps B est amené de P en Q si rapidement que l'aimantation de ce corps B n'ait pas le temps de s'altérer d'une manière sensible. Le travail fourni à B sera inférieur à W. On laisse ensuite B dans la position Q assez longtemps pour qu'il atteigne l'aimantation qui convient à l'équilibre, puis on le ramène rapidement de Q en P par le premier chemin renversé. Le travail rendu par B est supérieur à W. Ce cycle fournit donc, à température constante, un gain de travail, contrairement au principe de Carnot.

» Trois voies se présentent pour résoudre cette difficulté :

» 1° On peut supposer que le travail qui a été obtenu a été créé de rien. Cette manière de voir est en contradiction à la fois avec le principe de la conservation de l'énergie et avec le principe de Carnot, et ces derniers sont aujourd'hui universellement acceptés.

» 2° Le développement du magnétisme sur les corps diamagnétiques est instantané, contrairement à ce qui arrive pour les autres phénomènes physiques qui exigent un certain *temps*.

» 3° Le travail que l'on a gagné a été produit aux dépens de la *chaleur;* dans ce cas, le principe de l'énergie demeure intact, mais le principe de Carnot est en défaut. Si nous employons le travail produit à transporter de la chaleur d'un corps froid à un corps chaud, nous sommes en possession d'un moyen qui permet de produire des inégalités de température, c'est-à-dire une concentration d'énergie, sans aucune action extérieure. Il devient donc nécessaire de modifier le principe de Carnot.

» On sait que Clausius a démontré que, si un cycle satisfait au principe de Carnot sous sa forme usuelle, on a

$$\int \frac{dQ}{T} = 0$$

lorsque le cycle est réversible, et

$$\int \frac{dQ}{T} > 0$$

dans tous les cas, dQ désignant la quantité de chaleur dégagée à la température absolue T. Il est probable que ces résultats sont exacts pour tous les corps paramagnétiques; mais que, pour les corps diamagnétiques, on a

$$\int \frac{dQ}{T} = 0$$

pour les cycles réversibles, et

$$\int \frac{dQ}{T} < 0$$

dans les autres cas.

» On peut alors obtenir l'expression de l'énergie et de l'entropie pour un système aimanté, et créer une théorie thermodynamique pour le magnétisme aussi aisément que pour l'électricité. »

Ainsi, d'après M. Parker, l'existence des corps diamagnétiques est en contradiction avec cet axiome de Clausius : que l'on ne peut sans travail faire passer de la chaleur d'un corps froid à un corps chaud. M. Parker en conclut que l'axiome de Clausius ne saurait être général.

Nous allons, par une autre voie, retrouver la contradiction que le savant physicien anglais a signalée; mais nous la résoudrons en sens contraire. Conservant la généralité des axiomes de Clausius et de Thomson, nous conclurons de la contradiction dont il s'agit à la non-existence des corps diamagnétiques. Nous chercherons ensuite à donner des propriétés des soi-disant corps diamagnétiques une explication qui n'aille plus à l'encontre des principes de la Thermodynamique.

§ II. — Impossibilité de l'existence des corps diamagnétiques.

Nous admettons en principe l'absolue généralité des axiomes de Clausius et de Thomson.

Pour déduire de ces axiomes les propositions qui constituent la théorie du potentiel thermodynamique, certaines conditions sont requises, qui doivent être réalisées par le système que l'on étudie. Nous avons indiqué brièvement ces conditions dans un article *Sur les travaux thermodynamiques de M. J.-W. Gibbs* (1), et nous les avons développées dans notre enseignement à la Faculté des Sciences de Lille.

Or ces conditions sont toutes vérifiées par les corps magnétiques ou diamagnétiques dénués de force coercitive. Si donc les corps diamagnétiques dénués de force coercitive sont en contra-

(1) *Bulletin des Sciences mathématiques*, 2e série, t. XI; juin et juillet 1887.

diction avec les conséquences de la théorie du potentiel thermodynamique, c'est qu'ils seront en contradiction avec les postulata de Clausius et de Thomson, et partant impossibles, d'après le principe admis.

La théorie du potentiel thermodynamique, appliquée aux systèmes aimantés, conduit aux conséquences suivantes (¹) :

Soient

dv' un élément de volume d'un système aimanté;
x', y', z' les coordonnées d'un point de cet élément;
$\mathcal{A}', \mathcal{B}', \mathcal{C}'$ les composantes de l'aimantation en ce point;
x, y, z les coordonnées d'un point du champ;
r la distance des deux points (x, y, z), (x', y', z').

La *fonction potentielle magnétique* au point (x, y, z) est la fonction

$$\mathcal{V}(x, y, z) = \int \left(\mathcal{A}' \frac{\partial \frac{1}{r}}{\partial x'} + \mathcal{B}' \frac{\partial \frac{1}{r}}{\partial y'} + \mathcal{C}' \frac{\partial \frac{1}{r}}{\partial z'} \right) dv', \tag{1}$$

l'intégration s'étendant à tous les éléments de volume aimantés.

Soient

$\mathcal{A}, \mathcal{B}, \mathcal{C}$ les composantes de l'aimantation au point (x, y, z);
dv un élément de volume entourant ce point;
h une constante.

Le *potentiel magnétique* est la quantité

$$\Upsilon = \frac{h}{2} \int \left(\mathcal{A} \frac{\partial \mathcal{V}}{\partial x} + \mathcal{B} \frac{\partial \mathcal{V}}{\partial y} + \mathcal{C} \frac{\partial \mathcal{V}}{\partial z} \right) dv. \tag{2}$$

Soient

E l'équivalent mécanique de la chaleur;
T la température absolue;
U l'énergie interne du système supposé désaimanté;
S son entropie dans les mêmes conditions;
$\mathfrak{M}$ l'intensité d'aimantation au point (x, y, z);
$\mathcal{F}(\mathfrak{M})$ une certaine fonction de cette intensité, fonction qui dépend de la nature du corps aimanté;
$\mathcal{F}$ le *potentiel thermodynamique interne* du système.

(¹) *Sur l'aimantation par influence*, Chap. I et II.

Cette dernière quantité est donnée par l'égalité

$$\mathcal{F} = \mathrm{E}(\mathrm{U} - \mathrm{TS}) + \mathfrak{J} + \int \mathfrak{F}(\mathfrak{M})\,dv. \tag{3}$$

Supposons une masse dénuée de force coercitive placée en présence d'aimants permanents. La distribution magnétique sur cette masse sera une distribution d'équilibre, si elle donne à la quantité $\mathcal{F}$ une valeur minimum. Pour trouver la distribution d'équilibre, on commence par écrire que

$$\delta\mathcal{F} = 0$$

pour toute variation $\delta\mathfrak{A}$, $\delta\mathfrak{B}$, $\delta\mathfrak{C}$ des composantes de l'aimantation en un point quelconque de la masse dénuée de force coercitive. On arrive ainsi au résultat suivant :

Soit

$$\mathrm{F}(\mathfrak{M}) = \frac{\mathfrak{M}}{\frac{d\,\mathfrak{F}(\mathfrak{M})}{d\mathfrak{M}}}; \tag{4}$$

on doit avoir, en tout point de la masse dénuée de force coercitive,

$$\left\{\begin{aligned} \mathfrak{A} &= -h\,\mathrm{F}(\mathfrak{M})\frac{\partial\mathcal{V}}{\partial x},\\ \mathfrak{B} &= -h\,\mathrm{F}(\mathfrak{M})\frac{\partial\mathcal{V}}{\partial y},\\ \mathfrak{C} &= -h\,\mathrm{F}(\mathfrak{M})\frac{\partial\mathcal{V}}{\partial z}. \end{aligned}\right. \tag{5}$$

Ces conditions remplies, il n'est pas certain que $\mathcal{F}$ soit minimum. Pour reconnaître si $\mathcal{F}$ est ou non minimum, on est amené à étudier le signe de $\delta^2\mathcal{F}$. Or nous avons donné [1] l'expression de $\delta^2\mathcal{F}$.

Posons

$$\delta\mathfrak{A} = a\,\delta t,$$
$$\delta\mathfrak{B} = b\,\delta t,$$
$$\delta\mathfrak{C} = c\,\delta t,$$

δt étant une constante infiniment petite, et a, b, c trois fonctions

---

[1] *Loc. cit.*, p. 46.

régulières de x, y, z. Soient ensuite

$$\delta\mathfrak{M} = m\,\delta t,$$

$$u(x,y,z) = \int \left(a' \frac{\partial \frac{1}{r}}{\partial x'} + b' \frac{\partial \frac{1}{r}}{\partial y'} + c' \frac{\partial \frac{1}{r}}{\partial z'} \right) dv',$$

et nous aurons

$$(6) \qquad \delta^2 \mathcal{F} = \frac{h\,\delta t^2}{8\pi} \int \left[\left(\frac{\partial u}{\partial x}\right)^2 + \left(\frac{\partial u}{\partial y}\right)^2 + \left(\frac{\partial u}{\partial z}\right)^2 \right] dv$$
$$+ \delta t^2 \int \left[\frac{a^2+b^2+c^2}{F(\mathfrak{M})} - \frac{\mathfrak{M} \dfrac{dF(\mathfrak{M})}{d\mathfrak{M}}}{F^2(\mathfrak{M})} \right] dv,$$

la première intégrale s'étendant au volume entier du système, et la seconde au volume du corps dénué de force coercitive.

Supposons que ce corps soit *un corps diamagnétique*. Son coefficient d'aimantation, $F(\mathfrak{M})$, est alors une quantité négative. Supposons en outre que ce coefficient ait une très petite valeur absolue.

La première des deux intégrales qui composent $\delta^2\mathcal{F}$ est une quantité finie.

Sous la seconde des deux intégrales, le terme

$$\frac{a^2+b^2+c^2}{F(\mathfrak{M})}$$

est négatif et très grand en valeur absolue.

Le second terme

$$-\frac{\mathfrak{M} \dfrac{dF(\mathfrak{M})}{d\mathfrak{M}}}{F^2(\mathfrak{M})}$$

est négligeable devant le premier si $F(\mathfrak{M})$ varie peu, ce qui est le cas présenté par les corps diamagnétiques connus. Si la valeur absolue de $F(\mathfrak{M})$ décroît lorsque $\mathfrak{M}$ croît, il est très grand et négatif; si la valeur absolue de $F(\mathfrak{M})$ croît lorsque $\mathfrak{M}$ croît, il est très grand et positif.

Donc, pour un corps diamagnétique dont le coefficient d'aimantation a une valeur absolue toujours très petite, qui demeure constante, croît très faiblement ou décroît lorsque l'aimantation croît, $\delta^2\mathfrak{F}$ est toujours négatif; $\mathfrak{F}$ peut admettre un maximum et un seul, mais ne peut admettre de minimum. D'où la conclusion suivante :

Pour un corps diamagnétique dont le coefficient d'aimantation a une valeur absolue toujours très petite, qui demeure constante, croît très faiblement ou décroît lorsque l'aimantation croît, il ne peut pas exister de distribution magnétique d'équilibre.

Cette conclusion doit encore demeurer vraie lorsque la fonction magnétisante a une valeur qui n'est pas très petite. Cela résulte de la démonstration suivante, que nous avons déjà publiée ailleurs [1].

Considérons un système renfermant des aimants permanents, que nous désignerons par l'indice (1), et un corps dénué de force coercitive, que nous désignerons par l'indice (2).

En désignant par $\mathfrak{P}_1$ la fonction potentielle des aimants en un point de ces aimants, par $\mathfrak{V}_2$ la fonction potentielle des aimants (1) en un point du corps (2), par $\mathfrak{P}_2$ la fonction potentielle du corps (2) en un point de ce corps, le potentiel thermodynamique interne de ce corps peut s'écrire :

$$\begin{aligned}\mathfrak{F} = \mathrm{E}(\mathrm{U}-\mathrm{TS}) &+ \frac{h}{2}\int\left(\mathcal{A}_1\frac{\partial\mathfrak{P}_1}{\partial x_1} + \mathcal{B}_1\frac{\partial\mathfrak{P}_1}{\partial y_1} + \mathcal{C}_1\frac{\partial\mathfrak{P}_1}{\partial z_1}\right)dv_1\\ &+ h\int\left(\mathcal{A}_2\frac{\partial\mathfrak{V}_2}{\partial x_2} + \mathcal{B}_2\frac{\partial\mathfrak{V}_2}{\partial y_2} + \mathcal{C}_2\frac{\partial\mathfrak{V}_2}{\partial z_2}\right)dv_2\\ &+ \frac{h}{2}\int\left(\mathcal{A}_2\frac{\partial\mathfrak{P}_2}{\partial x_2} + \mathcal{B}_2\frac{\partial\mathfrak{P}_2}{\partial y_2} + \mathcal{C}_2\frac{\partial\mathfrak{P}_2}{\partial z_2}\right)dv_2\\ &+ \int\mathfrak{F}_1(\mathfrak{M}_1)\,dv_1 + \int\mathfrak{F}_2(\mathfrak{M}_2)\,dv_2.\end{aligned}$$

Cette expression est générale. Elle est exacte, en particulier, si la distribution magnétique sur le corps (2) est une distribution d'équilibre.

Considérons une certaine distribution d'équilibre correspondant à une certaine position du corps diamagnétique et des ai-

(1) *Sur l'aimantation des corps diamagnétiques* (*Comptes rendus*, t. CVI, p. 736; 12 mars 1888). — *Sur l'aimantation par influence*, p. 49.

mants; puis, supposons que, le corps étant placé dans la même position, on donne à toutes les particules de ce corps la même aimantation, sauf à la particule $dx_2 dy_2 dz_2 = dv_2$ que l'on suppose non aimantée : $\mathcal{F}$ prendra alors une nouvelle valeur $\mathcal{F}'$, et l'on aura

$$\mathcal{F}' - \mathcal{F} = -h\left[\mathcal{A}_2 \frac{\partial(\mathcal{V}_2 + \mathfrak{P}_2)}{dx_2} + \mathcal{B}_2 \frac{\partial(\mathcal{V}_2 + \mathfrak{P}_2)}{dy_2} + \mathcal{C}_2 \frac{\partial(\mathcal{V}_2 + \mathfrak{P}_2)}{dz_2}\right] dv_2 - \mathcal{F}_2(\mathfrak{M}_2)\, dv_2,$$

les quantités qui figurent au second membre ayant toutes la valeur qu'elles ont dans l'état d'équilibre considéré.

Or, dans cet état d'équilibre, on a [équations (5)]

$$\mathcal{A}_2 = -h\,F_2(\mathfrak{M}_2)\frac{\partial(\mathcal{V}_2 + \mathfrak{P}_2)}{\partial x_2},$$

$$\mathcal{B}_2 = -h\,F_2(\mathfrak{M}_2)\frac{\partial(\mathcal{V}_2 + \mathfrak{P}_2)}{\partial y_2},$$

$$\mathcal{C}_2 = -h\,F_2(\mathfrak{M}_2)\frac{\partial(\mathcal{V}_2 + \mathfrak{P}_2)}{\partial z_2}.$$

On en déduit

$$\mathcal{A}_2 \frac{\partial(\mathcal{V}_2 + \mathfrak{P}_2)}{\partial x_2} + \mathcal{B}_2 \frac{\partial(\mathcal{V}_2 + \mathfrak{P}_2)}{\partial y_2} + \mathcal{C}_2 \frac{\partial(\mathcal{V}_2 + \mathfrak{P}_2)}{\partial z_2} = -\frac{\mathcal{A}_2^2 + \mathcal{B}_2^2 + \mathcal{C}_2^2}{h\,F_2(\mathfrak{M}_2)} = -\frac{\mathfrak{M}_2^2}{h\,F_2(\mathfrak{M}_2)};$$

on a donc

$$\mathcal{F}' - \mathcal{F} = \left[\frac{\mathfrak{M}_2^2}{F_2(\mathfrak{M}_2)} - \mathcal{F}_2(\mathfrak{M}_2)\right] dv_2.$$

Mais on sait que l'on a [égalité (4)]

$$F_2(\mathfrak{M}_2) = \frac{\mathfrak{M}_2}{\dfrac{d\mathcal{F}_2(\mathfrak{M}_2)}{d\mathfrak{M}_2}}$$

et

$$\mathcal{F}_2(0) = 0.$$

On a donc

$$\mathcal{F}' - \mathcal{F} = \left[\frac{\mathfrak{M}_2^2}{F_2(\mathfrak{M}_2)} - \int_0^{\mathfrak{M}_2} \frac{\mathfrak{M}}{F_2(\mathfrak{M})}\, d\mathfrak{M}\right] dv_2,$$

ou bien, en désignant par μ une valeur comprise entre 0 et $\mathfrak{M}_2$,

$$\mathcal{F}' - \mathcal{F} = \mathfrak{M}_2^2\left[\frac{1}{F_2(\mathfrak{M}_2)} - \frac{1}{2F_2(\mu)}\right] dv_2.$$

Considérons seulement maintenant les corps diamagnétiques, pour lesquels la fonction F est constamment négative, et supposons que la fonction F soit assujettie à l'une des conditions suivantes :

1° Ou bien la fonction magnétisante est indépendante de l'intensité d'aimantation;

2° Ou bien sa valeur absolue décroît lorsque l'intensité d'aimantation croît;

3° Ou bien sa valeur absolue croît avec l'intensité d'aimantation, mais assez faiblement pour qu'une de ses valeurs ne soit jamais double d'une autre de ses valeurs.

Ces restrictions sont certainement vérifiées par tous les corps diamagnétiques connus dans les limites où l'on a pu les étudier jusqu'ici.

Moyennant ces restrictions,

$$\frac{1}{F_2(\mathfrak{M}_2)} - \frac{1}{F_2(\mu)}$$

est certainement négatif.

On voit, d'après cela, que, si pour un quelconque des corps diamagnétiques vérifiant les restrictions précédentes, on considérait une distribution magnétique d'équilibre correspondant à un minimum du potentiel thermodynamique, on pourrait toujours trouver une distribution pour laquelle le potentiel thermodynamique aurait une valeur moindre que dans l'état d'équilibre considéré.

Il est, d'après cela, très vraisemblable qu'il n'existe pour de semblables corps aucun minimum du potentiel thermodynamique, proposition que nous savons être vraie lorsque la fonction magnétisante est très petite.

Nous pouvons donc énoncer la proposition suivante :

Les principes de la Thermodynamique ne permettent pas qu'il existe de corps dont la fonction magnétisante soit telle qu'ils présentent les propriétés attribuées aux corps dits diamagnétiques.

DEUXIÈME PARTIE.

THÉORIE DES CORPS DITS DIAMAGNÉTIQUES.

§ I. — Historique.

La théorie mécanique de la chaleur conduit donc à rejeter l'existence de corps diamagnétiques, tout comme la théorie de l'aimantation par influence de Poisson. Mais, tandis que l'incompatibilité des corps diamagnétiques avec la théorie de Poisson avait simplement amené la plupart des physiciens à rejeter les hypothèses sur lesquelles repose la théorie de Poisson, leur incompatibilité avec les principes de la Thermodynamique doit forcément amener à rejeter leur existence, à moins que l'on ne veuille rejeter les axiomes de Clausius et de Thomson, c'est-à-dire admettre la possibilité de créer, avec des corps diamagnétiques, des instruments capables de produire un mouvement perpétuel.

Il ne peut donc pas exister de corps diamagnétiques proprement dits, c'est-à-dire de corps dont la fonction magnétisante soit négative.

Cependant la nature semble nous présenter des corps, le bismuth par exemple, dont la fonction magnétisante paraît être négative. Comment doit-on interpréter l'existence de semblables corps?

La réponse à cette question nous semble avoir été donnée par M. Edmond Becquerel (¹).

D'après M. Edmond Becquerel, tous les corps sont magnétiques; mais ils sont tous plongés dans un milieu éthéré qui est également magnétique; ils semblent alors être magnétiques ou diamagnétiques, selon qu'ils sont en réalité plus ou moins magnétiques que le milieu dans lequel ils sont plongés. Voici en quels termes M. Edmond Becquerel énonce cette hypothèse (²).

(¹) Edmond Becquerel, *De l'action du magnétisme sur tous les corps* (*Comptes rendus*, séance du 21 mai 1849. — *Annales de Chimie et de Physique*, 3ᵉ série, t. XXVIII, p. 283; 1850).

(²) *Annales de Chimie et de Physique*, 3ᵉ série, t. XXVIII, p. 290.

« Un corps placé à distance d'un centre magnétique est attiré vers ce centre avec une force égale à la différence qui existe entre le magnétisme spécifique de ce corps et celui du milieu dans lequel il se trouve plongé. Ou, en d'autres termes : *l'action du magnétisme sur un corps est la différence des actions exercées sur ce corps et sur le milieu ambiant déplacé.* »

M. Becquerel ajoute :

« On peut rendre compte de ce principe à l'aide d'une démonstration analogue à celle qui est en usage pour prouver le principe d'Archimède.

» Soit A un centre magnétique placé au milieu d'un centre rempli d'un fluide attirable à l'aimant. Dans cette position, il se produira un certain état d'équilibre, d'après lequel chaque point de ce fluide sera en repos, et il n'y aura qu'un accroissement de pression à mesure que l'on s'approchera de A, pression exercée par le milieu qui sert à transmettre les actions magnétiques. D'après cela, si l'on considère une masse isolée M de ce fluide, cette masse sera attirée vers A avec une force que l'on peut représenter par f; or, puisqu'il y a équilibre en tous les points du milieu lorsque le fluide environne A, il est donc nécessaire que l'action du centre magnétique A sur le fluide environnant M, donne une résultante égale à f et dirigée en sens inverse : cela équivaut à une répulsion égale à $-f$. Supposons maintenant que l'on substitue à la masse M une autre substance de même volume; la force attractive de M vers A sera plus grande ou plus petite que f, suivant que cette substance sera plus ou moins magnétique que le milieu. Représentons cette force par F; la force en vertu de laquelle la masse se portera vers le centre A sera donc $(F-f)$, la répulsion $-f$ existant aussi bien dans ce cas que précédemment. »

Plücker, en étudiant en même temps que M. Edmond Becquerel les actions magnétiques exercées sur un corps plongé dans un liquide magnétique ou diamagnétique, arrive à une idée analogue. Voici, en effet, la proposition qu'il énonce (¹) :

(¹) J. Plücker, *Ueber den Einfluss der Umgebung eines Körpers auf die Anziehung oder Abstossung, die er durch einen Magnet erfährt* (*Poggendorff's Annalen der Physik und Chemie*, t. LXXVII, p. 578; 1849).

L'attraction exercée sur un corps magnétique, que l'on plonge dans un fluide magnétique ou diamagnétique, augmente ou diminue d'une quantité précisément égale à la répulsion diamagnétique ou à l'attraction magnétique qui serait exercée sur le fluide dont il vient occuper la place. Au contraire, la répulsion exercée sur un corps diamagnétique que l'on plonge dans le même liquide augmente ou diminue d'une quantité égale à l'attraction magnétique ou à la répulsion diamagnétique qui serait exercée sur le fluide dont il vient occuper la place.

Mais Plücker, en énonçant cette loi pour l'action d'un liquide sur un corps magnétique ou diamagnétique qu'il baigne, se refuse à considérer l'éther comme susceptible d'exercer de pareilles actions, et à expliquer ainsi le diamagnétisme. Il ne veut pas faire entrer en ligne de compte dans ses théories des forces appliquées à un agent impondérable, et qui n'ont point jusqu'ici d'analogue.

M. Edmond Becquerel et Plücker, admettant implicitement que le fluide (liquide, gaz ou éther) et le solide qui y est plongé sont peu magnétiques, supposent implicitement, dans leurs considérations, que ces deux corps s'aimantent chacun pour son propre compte, comme s'il était seul.

Il n'en est évidemment pas ainsi; dans l'étude de l'aimantation d'un corps, il y a lieu de tenir compte de l'aimantation du milieu dans lequel il est plongé. M. E. Mathieu est le premier [1], à notre connaissance, qui ait tenté la théorie de l'induction exercée sur un corps magnétique plongé dans un milieu magnétique.

Cette théorie le conduit au résultat suivant :

Imaginons un aimant permanent (1) et un corps parfaitement doux (3) plongés dans un milieu magnétique (2). Soient k_3, k_2 les coefficients d'aimantation de ces deux corps. Le champ magnétique engendré par la présence des trois corps en question est le même que si le milieu magnétique n'existait pas, et si le corps (3)

[1] E. Mathieu, *Théorie du potentiel et ses applications à l'électrostatique et au magnétisme*: 2e Partie : *Électrostatique et Magnétisme*, p. 163; Paris, 1886.

avait un coefficient d'aimantation k donné par l'égalité

$$1 - 4\pi hk = \frac{1 - 4\pi hk_3}{1 - 4\pi hk_2};$$

k est positif ou négatif selon que k_3 est supérieur ou inférieur à k_2; d'après cela, un corps magnétique, plongé dans un milieu plus magnétique, se comporte comme un corps diamagnétique.

Nous verrons plus loin que cette proposition n'est pas exacte.

§ II. — Hypothèses fondamentales.

Nous admettrons que tous les corps magnétiques pondérables sont plongés dans un milieu impondérable indéfini, que nous ferons entrer dans nos calculs comme *un fluide homogène, incompressible, d'état invariable, magnétique, parfaitement doux, ayant une fonction magnétisante particulière.*

Soient

1 l'ensemble des corps magnétiques pondérables que l'on considère;

2 le fluide impondérable;

dv_1 un élément du volume occupé par les premiers;

dv_2 un élément du volume occupé par le fluide;

E l'équivalent mécanique de la chaleur;

U l'énergie interne des corps pondérables lorsque tout le système est désaimanté;

S l'entropie de ces mêmes corps dans les mêmes conditions;

T la température absolue uniforme du système;

$\mathcal{V}_1$ la fonction potentielle magnétique des aimants pondérables;

$\mathcal{V}_2$ la fonction potentielle magnétique du milieu;

$\mathfrak{M}_1$ l'intensité d'aimantation en un point de l'élément dv_1;

$\mathcal{A}_1$, $\mathcal{B}_1$, $\mathcal{C}_1$ ses trois composantes;

$\mathfrak{M}_2$ l'intensité d'aimantation en un point de l'élément dv_2;

$\mathcal{A}_2$, $\mathcal{B}_2$, $\mathcal{C}_2$ ses trois composantes.

D'après l'égalité (3), le potentiel thermodynamique interne du système aura pour valeur

$$(7)\qquad \mathfrak{F} = \mathrm{E}(\mathrm{U}-\mathrm{TS}) + \frac{h}{2}\int\left(\mathcal{A}_1\frac{\partial\mathcal{V}_1}{\partial x_1}+\mathcal{B}_1\frac{\partial\mathcal{V}_1}{\partial y_1}+\mathcal{C}_1\frac{\partial\mathcal{V}_1}{\partial z_1}\right)dv_1 + \int\mathfrak{F}_1(\mathfrak{M}_1)\,dv_1 + h\int\left(\mathcal{A}_2\frac{\partial\mathcal{V}_1}{\partial x_2}+\mathcal{B}_2\frac{\partial\mathcal{V}_1}{\partial y_2}+\mathcal{C}_2\frac{\partial\mathcal{V}_1}{\partial z_2}\right)dv_2 + \frac{h}{2}\int\left(\mathcal{A}_2\frac{\partial\mathcal{V}_2}{\partial x_2}+\mathcal{B}_2\frac{\partial\mathcal{V}_2}{\partial y_2}+\mathcal{C}_2\frac{\partial\mathcal{V}_2}{\partial z_2}\right)dv_2 + \int\mathfrak{F}_2(\mathfrak{M}_2)\,dv_2.$$

Les trois dernières intégrales s'étendent à un domaine illimité. Nous admettrons néanmoins qu'en toutes circonstances les quantités $\mathcal{V}_2$ et $\mathfrak{M}_2$ s'annulent à l'infini, de telle sorte que ces intégrales conservent une valeur limitée.

Cela étant, la voie suivie dans notre *Théorie nouvelle de l'aimantation par influence* conduira au résultat suivant :

Posons

$$(4\,bis)\qquad \mathrm{F}_1(\mathfrak{M}_1) = \frac{\mathfrak{M}_1}{\dfrac{d\mathfrak{F}_1(\mathfrak{M}_1)}{d\mathfrak{M}_1}},\qquad \mathrm{F}_2(\mathfrak{M}_2) = \frac{\mathfrak{M}_2}{\dfrac{d\mathfrak{F}_2(\mathfrak{M}_2)}{d\mathfrak{M}_2}}.$$

En tout point parfaitement doux des corps pondérables, nous aurons, pour l'équilibre,

$$(5\,bis)\qquad \begin{cases} \mathcal{A}_1 = -h\,\mathrm{F}_1(\mathfrak{M}_1)\dfrac{\partial(\mathcal{V}_1+\mathcal{V}_2)}{\partial x_1}, \\ \mathcal{B}_1 = -h\,\mathrm{F}_1(\mathfrak{M}_1)\dfrac{\partial(\mathcal{V}_1+\mathcal{V}_2)}{\partial y_1}, \\ \mathcal{C}_1 = -h\,\mathrm{F}_1(\mathfrak{M}_1)\dfrac{\partial(\mathcal{V}_1+\mathcal{V}_2)}{\partial z_1} \end{cases}$$

et, en tout point du milieu,

$$(5\,ter)\qquad \begin{cases} \mathcal{A}_2 = -h\,\mathrm{F}_2(\mathfrak{M}_2)\dfrac{\partial(\mathcal{V}_1+\mathcal{V}_2)}{\partial x_2}, \\ \mathcal{B}_2 = -h\,\mathrm{F}_2(\mathfrak{M}_2)\dfrac{\partial(\mathcal{V}_1+\mathcal{V}_2)}{\partial y_2}, \\ \mathcal{C}_2 = -h\,\mathrm{F}_2(\mathfrak{M}_2)\dfrac{\partial(\mathcal{V}_1+\mathcal{V}_2)}{\partial z_2}. \end{cases}$$

La *fonction magnétisante* $F(\mathfrak{M})$ peut, dans certains cas, être réduite exactement ou approximativement à un *coefficient d'aimantation constant k*. On obtient alors une théorie de l'aimantation que nous nommerons l'*approximation de Poisson*.

Les égalités (4 *bis*), jointes à cette condition que

$$\mathfrak{F}_1(0) = 0, \qquad \mathfrak{F}_2(0) = 0,$$

donnent alors

$$F_1(\mathfrak{M}_1) = \frac{\mathfrak{M}_1^2}{2k_1}, \qquad F_2(\mathfrak{M}_2) = \frac{\mathfrak{M}_2^2}{2k_2}. \tag{8}$$

Nous admettrons souvent que l'aimantation est conforme à la loi approchée de Poisson dans le milieu impondérable. Beaucoup de théories ne pourraient être développées sans cette hypothèse, qui, jusqu'ici, ne rencontre aucune contradiction dans l'expérience.

Nous aurons souvent, dans nos développements théoriques, à envisager la quantité

$$-\mathfrak{F}(\mathfrak{M}) + \frac{\mathfrak{M}^2}{F(\mathfrak{M})} = \Psi(\mathfrak{M}). \tag{9}$$

L'égalité (4), jointe à la condition

$$\mathfrak{F}(0) = 0,$$

permet d'écrire

$$\Psi(\mathfrak{M}) = -\int_0^{\mathfrak{M}} \frac{\mathfrak{M}}{F(\mathfrak{M})}\, d\mathfrak{M} + \frac{\mathfrak{M}^2}{F(\mathfrak{M})}.$$

$F(\mathfrak{M})$ est essentiellement positif. Si donc on désigne par μ une certaine valeur comprise entre 0 et $\mathfrak{M}$, on pourra écrire

$$\Psi(\mathfrak{M}) = \mathfrak{M}^2\left[\frac{1}{F(\mathfrak{M})} - \frac{1}{2F(\mu)}\right]; \tag{10}$$

si la fonction magnétisante est indépendante de l'intensité d'aimantation, si elle décroît lorsque l'intensité d'aimantation croît, ou bien encore si elle croît avec l'intensité d'aimantation, mais assez faiblement pour qu'une de ses valeurs ne devienne jamais double d'une autre, hypothèses qui renferment tous les cas réels, on aura certainement

$$2F(\mu) > F(\mathfrak{M})$$

et, par conséquent,

$$\Psi(\mathfrak{M}) > 0.$$

La quantité $\Psi(\mathfrak{M})$ est donc positive.

Dans le cas particulier où l'on admet l'approximation de Poisson, on a

$$F(\mathfrak{M}) = F(\mu) = k,$$

et l'égalité (10) devient

$$\Psi(\mathfrak{M}) = \frac{\mathfrak{M}^2}{2k}. \tag{11}$$

Nous aurons souvent à faire usage de ces résultats.

§ III. — Aimantation d'un corps plongé dans un milieu magnétique.

Supposons que des aimants permanents 1 agissent sur un corps magnétique 2, plongé dans un milieu magnétique indéfini 3. L'aimantation sera déterminée de la manière suivante.

Soient $\mathcal{V}_1$, $\mathcal{V}_2$, $\mathcal{V}_3$ les fonctions potentielles magnétiques des corps 1, 2, 3.

La fonction $\mathcal{V}_1$ est une fonction connue.

La fonction

$$\mathfrak{W} = \mathcal{V}_2 + \mathcal{V}_3$$

est uniforme, finie et continue dans tout l'espace.

Dans l'espace 1, elle est régulière, et elle vérifie l'équation

$$\Delta\mathfrak{W} = 0. \tag{a}$$

Dans l'espace 2, elle est régulière et elle vérifie l'équation

$$\begin{aligned}(b)\quad & [1 + 4\pi\lambda_2(F^2)]\,\Delta\mathfrak{W} \\ & + \frac{2\partial\lambda_2(F^2)}{\partial F^2}\left[\left(\frac{\partial\mathcal{V}}{\partial x}\right)^2\frac{\partial^2\mathcal{V}}{\partial x^2} + \left(\frac{\partial\mathcal{V}}{\partial y}\right)^2\frac{\partial^2\mathcal{V}}{\partial y^2} + \left(\frac{\partial\mathcal{V}}{\partial z}\right)^2\frac{\partial^2\mathcal{V}}{\partial z^2}\right. \\ & \left. + 2\frac{\partial\mathcal{V}}{\partial y}\frac{\partial\mathcal{V}}{\partial z}\frac{\partial^2\mathcal{V}}{\partial y\,\partial z} + 2\frac{\partial\mathcal{V}}{\partial z}\frac{\partial\mathcal{V}}{\partial x}\frac{\partial^2\mathcal{V}}{\partial z\,\partial x} + 2\frac{\partial\mathcal{V}}{\partial x}\frac{\partial\mathcal{V}}{\partial y}\frac{\partial^2\mathcal{V}}{\partial x\,\partial y}\right] = 0,\end{aligned}$$

égalité dans laquelle

$$\mathcal{V} = \mathcal{V}_1 + \mathfrak{W},$$

$$F^2 = \left(\frac{\partial\mathcal{V}}{\partial x}\right)^2 + \left(\frac{\partial\mathcal{V}}{\partial y}\right)^2 + \left(\frac{\partial\mathcal{V}}{\partial z}\right)^2,$$

et dans laquelle $\lambda_2(F^2)$ est une fonction liée à $F_2(\mathfrak{M})$ comme nous l'avons indiqué ailleurs [1].

---

[1] *Sur l'aimantation par influence*, p. 28 (*Annales de la Faculté des Sciences de Toulouse*; 1888).

Dans l'espace 3, elle est régulière et vérifie l'égalité

$$(c)\quad [1+4\pi\lambda_3(F^2)]\Delta\Psi + 2\frac{\partial\lambda_3(F^2)}{\partial F^2}\left[\left(\frac{\partial\Psi}{\partial x}\right)^2\frac{\partial^2\Psi}{\partial x^2}+\left(\frac{\partial\Psi}{\partial y}\right)^2\frac{\partial^2\Psi}{\partial y^2}+\left(\frac{\partial\Psi}{\partial z}\right)^2\frac{\partial^2\Psi}{\partial z^2} + 2\frac{\partial\Psi}{\partial y}\frac{\partial\Psi}{\partial z}\frac{\partial^2\Psi}{\partial y\,\partial z}+2\frac{\partial\Psi}{\partial z}\frac{\partial\Psi}{\partial x}\frac{\partial^2\Psi}{\partial z\,\partial x}+2\frac{\partial\Psi}{\partial x}\frac{\partial\Psi}{\partial y}\frac{\partial^2\Psi}{\partial x\,\partial y}\right]=0,$$

dans laquelle la fonction $\lambda_3(F^2)$ est liée à $F_3(\mathfrak{M})$, comme $\lambda_2(F^2)$ à $F_2(\mathfrak{M})$.

Sur la surface de séparation des milieux 1 *et* 2, on a

$$(d)\qquad \frac{\partial\Psi}{\partial N_1}+\frac{\partial\Psi}{\partial N_2}[1+4\pi\lambda_2(F_2^2)]=0.$$

Sur la surface de séparation des milieux 2 *et* 3, on a

$$(e)\qquad \frac{\partial\Psi}{\partial N_2}[1+4\pi\lambda_2(F_2^2)]+\frac{\partial\Psi}{\partial N_3}[1+4\pi\lambda_3(F_3^2)]=0.$$

A l'infini, on a

$$(f)\qquad \Psi=0,\qquad \frac{\partial\Psi}{\partial x}=0,\qquad \frac{\partial\Psi}{\partial y}=0,\qquad \frac{\partial\Psi}{\partial z}=0.$$

Une fois la fonction Ψ déterminée par ces conditions, l'aimantation sera déterminée, *dans l'espace* 2, par

$$(g)\qquad \begin{cases} \mathcal{A}_2=\lambda_2(F_2^2)\dfrac{\partial\Psi}{\partial x},\\ \mathcal{B}_2=\lambda_2(F_2^2)\dfrac{\partial\Psi}{\partial y},\\ \mathcal{C}_2=\lambda_2(F_2^2)\dfrac{\partial\Psi}{\partial z},\end{cases}$$

et, *dans l'espace* 3, par

$$(h)\qquad \begin{cases} \mathcal{A}_3=\lambda_3(F_3^2)\dfrac{\partial\Psi}{\partial x},\\ \mathcal{B}_3=\lambda_3(F_3^2)\dfrac{\partial\Psi}{\partial y},\\ \mathcal{C}_3=\lambda_3(F_3^2)\dfrac{\partial\Psi}{\partial z}.\end{cases}$$

On démontrerait, comme nous l'avons fait, dans notre *Théorie nouvelle de l'aimantation par influence*, pour le cas où le milieu magnétique n'existe pas, que ces équations admettent une et une seule solution, et que cette solution correspond à une distribution magnétique stable.

Plaçons-nous dans le cas particulier où le corps magnétique et le milieu qui l'entoure s'aimantent tous deux conformément à la loi approchée de Poisson; on a alors

$$\lambda_2(F_2^2) = -hk_2,$$
$$\lambda_3(F_3^2) = -hk_3,$$

k_2, k_3 étant deux constantes.

Alors la fonction Ψ, régulière dans chacune des trois régions 1, 2 et 3, vérifie dans chacune de ces trois régions l'égalité

$$(a') \qquad \Delta\Psi = 0.$$

Sur la surface de séparation des milieux 1 et 2, on a

$$(b') \qquad \frac{\partial\Psi}{\partial N_1} + (1 - 4\pi hk_2)\frac{\partial\Psi}{\partial N_2} = 0.$$

Sur la surface de séparation des milieux 2 et 3, on a

$$(c') \qquad \frac{\partial\Psi}{\partial N_2}(1 - 4\pi hk_2) + \frac{\partial\Psi}{\partial N_3}(1 - 4\pi hk_3) = 0.$$

Enfin, à l'infini, on a

$$(d') \qquad \Psi = 0, \qquad \frac{\partial\Psi}{\partial x} = 0, \qquad \frac{\partial\Psi}{\partial y} = 0, \qquad \frac{\partial\Psi}{\partial z} = 0.$$

D'après M. Mathieu, cette fonction Ψ est identique à la fonction potentielle Ψ' d'une masse occupant la place du corps 3, plongée dans un milieu non magnétique, et ayant un coefficient d'aimantation k donné par

$$1 - 4\pi hk = \frac{1 - 4\pi hk_3}{1 - 4\pi hk_2}.$$

Or cela ne serait exact, ainsi qu'on le voit aisément, que si l'équation (b') était remplacée par l'équation

$$\frac{\partial\Psi}{\partial N_1} + \frac{\partial\Psi}{\partial N_2} = 0.$$

La proposition de M. Mathieu ne peut donc être conservée.

§ III. — Équilibre d'un corps dans un milieu magnétique.

Considérons un corps solide 3, plongé dans un milieu magnétique 2 et soumis à l'action d'un aimant permanent 1. Sur ce corps agissent des forces étrangères au magnétisme ; X, Y, Z seront les composantes d'une de ces forces, et x, y, z les coordonnées de son point d'application. Nous nous proposons de déterminer les conditions d'équilibre d'un semblable corps.

La condition d'équilibre s'obtient en exprimant que, pour un déplacement virtuel du système, on a

$$\delta\mathcal{F} - \delta\mathfrak{T} = 0,$$

$\delta\mathfrak{T}$ étant le travail des forces extérieures.

Calculons $\delta\mathcal{F}$.

Nous supposerons que, dans le déplacement, les éléments du corps solide 3 aient gardé une aimantation invariable. Nous aurons alors

$$\delta\left[\frac{h}{2}\int\left(\mathcal{A}_3\frac{\partial\mathcal{V}_3}{\partial x_3} + \mathcal{B}_3\frac{\partial\mathcal{V}_3}{\partial y_3} + \mathcal{C}_3\frac{\partial\mathcal{V}_3}{\partial z_3}\right)dv_3 + \int\mathfrak{F}_3(\mathfrak{M}_3)\,dv_3\right] = 0.$$

L'aimant permanent est invariable. Nous aurons donc

$$\delta\left[\frac{h}{2}\int\left(\mathcal{A}_1\frac{\partial\mathcal{V}_1}{\partial x_1} + \mathcal{B}_1\frac{\partial\mathcal{V}_1}{\partial y_1} + \mathcal{C}_1\frac{\partial\mathcal{V}_1}{\partial z_1}\right)dv_1 + \int\mathfrak{F}_1(\mathfrak{M}_1)\,dv_1\right] = 0.$$

Si nous désignons par δx, δy, δz les composantes de la translation, et par $\delta\lambda$, $\delta\mu$, $\delta\nu$ les composantes de la rotation imposée au corps solide, il est facile de voir que l'on aura

$$\begin{aligned}
h\,\delta\int&\left(\mathcal{A}_3\frac{\partial\mathcal{V}_1}{\partial x_3} + \mathcal{B}_3\frac{\partial\mathcal{V}_1}{\partial y_3} + \mathcal{C}_3\frac{\partial\mathcal{V}_1}{\partial z_3}\right)dv_3\\
= \; &h\,\delta x\int\left(\mathcal{A}_3\frac{\partial^2\mathcal{V}_1}{\partial x_3^2} + \mathcal{B}_3\frac{\partial^2\mathcal{V}_1}{\partial x_3\,\partial y_3} + \mathcal{C}_3\frac{\partial^2\mathcal{V}_1}{\partial x_3\,\partial z_3}\right)dv_3\\
&+ h\,\delta y\int\left(\mathcal{A}_3\frac{\partial^2\mathcal{V}_1}{\partial y_3\,\partial x_3} + \mathcal{B}_3\frac{\partial^2\mathcal{V}_1}{\partial y_3^2} + \mathcal{C}_3\frac{\partial^2\mathcal{V}_1}{\partial y_3\,\partial z_3}\right)dv_3\\
&+ h\,\delta z\int\left(\mathcal{A}_3\frac{\partial^2\mathcal{V}_1}{\partial z_3\,\partial x_3} + \mathcal{B}_3\frac{\partial^2\mathcal{V}_1}{\partial z_3\,\partial y_3} + \mathcal{C}_3\frac{\partial^2\mathcal{V}_1}{\partial z_3^2}\right)dv_3\\
&+ h\,\delta\lambda\int\left[\left(\mathcal{A}_3\frac{\partial^2\mathcal{V}_1}{\partial z_3\,\partial x_3} + \mathcal{B}_3\frac{\partial^2\mathcal{V}_1}{\partial z_3\,\partial y_3} + \mathcal{C}_3\frac{\partial^2\mathcal{V}_1}{\partial z_3^2}\right)y_3\right.\\
&\qquad\left.-\left(\mathcal{A}_3\frac{\partial^2\mathcal{V}_1}{\partial y_3\,\partial x_3} + \mathcal{B}_3\frac{\partial^2\mathcal{V}_1}{\partial y_3^2} + \mathcal{C}_3\frac{\partial^2\mathcal{V}_1}{\partial y_3\,\partial z_3}\,z_3\right)\right]dv_3
\end{aligned}$$

$$
\begin{aligned}
&+ h\,\delta\mu \int \Bigg[\left(\mathcal{A}_3 \frac{\partial^2 \mathcal{V}_1}{\partial x_3^2} + \mathcal{B}_3 \frac{\partial^2 \mathcal{V}}{\partial x_3\, \partial y_3} + \mathcal{C}_3 \frac{\partial^2 \mathcal{V}_1}{\partial x_3\, \partial z_3} \right) z_3 \\
&\qquad - \left(\mathcal{A}_3 \frac{\partial^2 \mathcal{V}_1}{\partial z_3\, \partial x_3} + \mathcal{B}_3 \frac{\partial^2 \mathcal{V}_1}{\partial z_3\, \partial y_3} + \mathcal{C}_3 \frac{\partial^2 \mathcal{V}_1}{\partial z_3^2} \right) x_3 \Bigg] dv_3 \\
&+ h\,\delta\nu \int \Bigg[\left(\mathcal{A}_3 \frac{\partial^2 \mathcal{V}_1}{\partial y_3\, \partial x_3} + \mathcal{B}_3 \frac{\partial^2 \mathcal{V}_1}{\partial y_3^2} + \mathcal{C}_3 \frac{\partial^2 \mathcal{V}_1}{\partial y_3\, \partial z_3} \right) x_3 \\
&\qquad - \left(\mathcal{A}_3 \frac{\partial^2 \mathcal{V}_1}{\partial x_3^2} + \mathcal{B}_3 \frac{\partial^2 \mathcal{V}_1}{\partial x_3\, \partial y_3} + \mathcal{C}_3 \frac{\partial^2 \mathcal{V}_1}{\partial x_3\, \partial z_3} \right) y_3 \Bigg] dv_3.
\end{aligned}
$$

Il reste à calculer

$$
\begin{aligned}
\delta \Bigg[& h \int \left(\mathcal{A}_2 \frac{\partial \mathcal{V}_3}{\partial y_2} + \mathcal{B}_2 \frac{\partial \mathcal{V}_3}{\partial y_2} + \mathcal{C}_3 \frac{\partial \mathcal{V}_3}{\partial z_2} \right) dv_2 \\
&+ h \int \left(\mathcal{A}_3 \frac{\partial \mathcal{V}_1}{\partial x_2} + \mathcal{B}_2 \frac{\partial \mathcal{V}_1}{\partial y_2} + \mathcal{C}_2 \frac{\partial \mathcal{V}_1}{\partial z_2} \right) dv_2 \\
&+ \frac{h}{2} \int \left(\mathcal{A}_2 \frac{\partial \mathcal{V}_2}{\partial x_2} + \mathcal{B}_2 \frac{\partial \mathcal{V}_2}{\partial y_2} + \mathcal{C}_2 \frac{\partial \mathcal{V}_2}{\partial z_2} \right) dv_2 + \int \mathfrak{F}_2(\mathfrak{M}_2)\, dv_2 \Bigg].
\end{aligned}
$$

Pour calculer cette variation, qui dépend seulement de l'état initial à l'état final du système, on peut supposer que l'on passe d'une manière quelconque de cet état initial à cet état final.

Décomposons la modification en deux phases :

Première phase. — Soit ABCD (*fig.* 1) la première position du solide; soit A'BC'D la nouvelle position. J'imagine qu'on

Fig. 1.

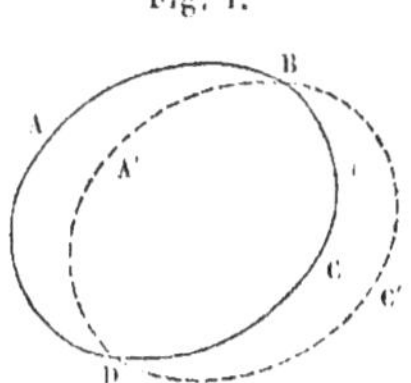

laisse le solide immobile dans la première position et que, sans rien changer au reste du système, on enlève le fluide aimanté renfermé dans la couche BCDC', qu'on place du fluide dans la couche ABA'D et qu'on lui donne l'aimantation qu'il doit avoir. Soit $d\tau$ un élément de la surface du solide, soit δN_2 le déplacement normal, dirigé vers l'intérieur du fluide 2, d'un point de $d\sigma$. Nous aurons, pour cette première phase,

$$
\begin{aligned}
\delta_1 \Bigg[\quad & h \int \left(\mathcal{A}_2 \frac{\partial \mathcal{V}_3}{\partial x_2} + \mathcal{B}_2 \frac{\partial \mathcal{V}_3}{\partial y_2} + \mathcal{C}_2 \frac{\partial \mathcal{V}_3}{\partial z_2} \right) dv_2 \\
& + h \int \left(\mathcal{A}_2 \frac{\partial \mathcal{V}_1}{\partial x_2} + \mathcal{B}_2 \frac{\partial \mathcal{V}_1}{\partial y_2} + \mathcal{C}_2 \frac{\partial \mathcal{V}_1}{\partial z_2} \right) dv_2 \\
& + \frac{h}{2} \int \left(\mathcal{A}_2 \frac{\partial \mathcal{V}_2}{\partial x_2} + \mathcal{B}_2 \frac{\partial \mathcal{V}_2}{\partial y_2} + \mathcal{C}_2 \frac{\partial \mathcal{V}_2}{\partial z_2} \right) dv_2 + \int \mathcal{F}_2(\mathfrak{M}_2)\, dv_2 \Bigg] \\
= - \mathbf{S} \Bigg\{ h \Bigg[& \mathcal{A}_2 \frac{\partial(\mathcal{V}_1 + \mathcal{V}_2 + \mathcal{V}_3)}{\partial x_2} + \mathcal{B}_2 \frac{\partial(\mathcal{V}_1 + \mathcal{V}_2 + \mathcal{V}_3)}{\partial y_2} \\
& + \mathcal{C}_2 \frac{\partial(\mathcal{V}_1 + \mathcal{V}_2 + \mathcal{V}_3)}{\partial z_2} \Bigg] + \mathcal{F}_2(\mathfrak{M}_2) \Bigg\} \delta N_2\, d\sigma.
\end{aligned}
$$

Cette quantité peut encore s'écrire, à cause des égalités,

$$
\begin{aligned}
\mathcal{A}_2 &= - h\, F_2(\mathfrak{M}_2) \frac{\partial(\mathcal{V}_1 + \mathcal{V}_2 + \mathcal{V}_3)}{\partial x_2}, \\
\mathcal{B}_2 &= - h\, F_2(\mathfrak{M}_2) \frac{\partial(\mathcal{V}_1 + \mathcal{V}_2 + \mathcal{V}_3)}{\partial y_2}, \\
\mathcal{C}_2 &= - h\, F_2(\mathfrak{M}_2) \frac{\partial(\mathcal{V}_1 + \mathcal{V}_2 + \mathcal{V}_3)}{\partial z_2},
\end{aligned}
$$

$$
\mathbf{S} \left[\frac{\mathfrak{M}^2}{F_2(\mathfrak{M}_2)} - \mathcal{F}_2(\mathfrak{M}_2) \right] \delta N_2\, d\sigma = \mathbf{S}\, \Psi_2(\mathfrak{M}_2)\, \delta N_2\, d\sigma,
$$

ou bien encore, comme

$$
\begin{aligned}
\delta N_2 = {} & \cos(N_2, x)\, \delta x + \cos(N_2, y)\, \delta y + \cos(N_2, z)\, \delta z \\
& - [\cos(N_2, y) z - \cos(N_2, z) y]\, \delta\lambda - [\cos(N_2, z) x - \cos(N_2, x) z]\, \delta\mu \\
& - [\cos(N_2, x) y - \cos(N_2 . y) x]\, \delta\nu,
\end{aligned}
$$

$$
\begin{aligned}
& \delta x\, \mathbf{S}\, \Psi_2(\mathfrak{M}_2) \cos(N_2, x)\, d\sigma \\
& + \delta y\, \mathbf{S}\, \Psi_2(\mathfrak{M}_2) \cos(N_2, y)\, d\sigma \\
& + \delta z\, \mathbf{S}\, \Psi_2(\mathfrak{M}_2) \cos(N_2, z)\, d\sigma \\
& - \delta\lambda\, \mathbf{S}\, [z \cos(N_2, y) - y \cos(N_2, z)]\, \Psi_2(\mathfrak{M}_2)\, d\sigma \\
& - \delta\mu\, \mathbf{S}\, [x \cos(N_2, z) - z \cos(N_2, x)]\, \Psi_2(\mathfrak{M}_2)\, d\sigma \\
& - \delta\nu\, \mathbf{S}\, [y \cos(N_2, x) - x \cos(N_2, y)]\, \Psi_2(\mathfrak{M}_2)\, d\sigma
\end{aligned}
$$

Deuxième phase. — Nous déplaçons maintenant le corps solide et le milieu subit un changement infiniment petit quelconque d'aimantation. Nous avons

$$\begin{aligned}
\delta_2\Big[\; & h\int\left(\mathcal{A}_2\frac{\partial\mathcal{V}_3}{\partial x_2}+\mathcal{B}_2\frac{\partial\mathcal{V}_3}{\partial y_2}+\mathcal{C}_2\frac{\partial\mathcal{V}_3}{\partial z_2}\right)dv_2\\
&+h\int\left(\mathcal{A}_2\frac{\partial\mathcal{V}_1}{\partial x_2}+\mathcal{B}_2\frac{\partial\mathcal{V}_1}{\partial y_2}+\mathcal{C}_2\frac{\partial\mathcal{V}_1}{\partial z_2}\right)dv_2\\
&+\frac{h}{2}\int\left(\mathcal{A}_2\frac{\partial\mathcal{V}_2}{\partial x_2}+\mathcal{B}_2\frac{\partial\mathcal{V}_2}{\partial y_2}+\mathcal{C}_2\frac{\partial\mathcal{V}_2}{\partial z_2}\right)dv_2+\int\mathcal{F}_2(\mathfrak{M}_2)\,dv_2\Big]\\
=\int\Big\{h\Big[&\frac{\partial(\mathcal{V}_1+\mathcal{V}_2+\mathcal{V}_3)}{\partial x_2}\delta\mathcal{A}_2+\frac{\partial(\mathcal{V}_1+\mathcal{V}_2+\mathcal{V}_3)}{\partial y_2}\delta\mathcal{B}_2\\
&+\frac{\partial(\mathcal{V}_1+\mathcal{V}_2+\mathcal{V}_3)}{\partial z_2}\delta\mathcal{C}_2\Big]+\frac{d\mathcal{F}_2(\mathfrak{M}_2)}{d\mathfrak{M}_2}\delta\mathfrak{M}_2\Big\}\,dv_2\\
&+h\,\delta x\int\left(\mathcal{A}_3\frac{\partial^2\mathcal{V}_2}{\partial x_3^2}+\mathcal{B}_3\frac{\partial^2\mathcal{V}_2}{\partial x_3\,\partial y_3}+\mathcal{C}_3\frac{\partial^2\mathcal{V}_2}{\partial x_3\,\partial z_3}\right)dv_3\\
&+h\,\delta y\int\left(\mathcal{A}_3\frac{\partial^2\mathcal{V}_2}{\partial y_3\,\partial x_3}+\mathcal{B}_3\frac{\partial^2\mathcal{V}_2}{\partial y_3^2}+\mathcal{C}_3\frac{\partial^2\mathcal{V}_2}{\partial y_3\,\partial z_3}\right)dv_3\\
&+h\,\delta z\int\left(\mathcal{A}_3\frac{\partial^2\mathcal{V}_2}{\partial y_3\,\partial x_3}+\mathcal{B}_3\frac{\partial^2\mathcal{V}_2}{\partial z_3\,\partial y_3}+\mathcal{C}_3\frac{\partial^2\mathcal{V}_3}{\partial z_3^2}\right)dv_3\\
&+h\,\delta\lambda\int\Big[\left(\mathcal{A}_3\frac{\partial^2\mathcal{V}_2}{\partial z_3\,\partial x_3}+\mathcal{B}_3\frac{\partial^2\mathcal{V}_2}{\partial z_3\,\partial y_3}+\mathcal{C}_3\frac{\partial^2\mathcal{V}_2}{\partial z_3^2}\right)y_3\\
&\qquad-\left(\mathcal{A}_3\frac{\partial^2\mathcal{V}_2}{\partial y_3\,\partial x_3}+\mathcal{B}_3\frac{\partial^2\mathcal{V}_2}{\partial y_3^2}+\mathcal{C}_3\frac{\partial^2\mathcal{V}_2}{\partial y_3\,\partial z_3}\right)z_3\Big]dv_3\\
&+h\,\delta\mu\int\Big[\left(\mathcal{A}_3\frac{\partial^2\mathcal{V}_2}{\partial x_3^2}+\mathcal{B}_3\frac{\partial^2\mathcal{V}_2}{\partial x_3\,\partial y_3}+\mathcal{C}_3\frac{\partial^2\mathcal{V}_2}{\partial x_3\,\partial z_3}\right)z_3\\
&\qquad-\left(\mathcal{A}_3\frac{\partial^2\mathcal{V}_2}{\partial z_3\,\partial x_3}+\mathcal{B}_3\frac{\partial^2\mathcal{V}_2}{\partial z_3\,\partial y_3}+\mathcal{C}_3\frac{\partial^2\mathcal{V}_2}{\partial z_3^2}\right)x_3\Big]dv_3\\
&+h\,\delta\nu\int\Big[\left(\mathcal{A}_3\frac{\partial^2\mathcal{V}_2}{\partial y_3\,\partial x_3}+\mathcal{B}_3\frac{\partial^2\mathcal{V}_2}{\partial y_3^2}+\mathcal{C}_3\frac{\partial^2\mathcal{V}_2}{\partial y_3\,\partial z_3}\right)x_3\\
&\qquad-\left(\mathcal{A}_3\frac{\partial^2\mathcal{V}_2}{\partial x_3^2}+\mathcal{B}_3\frac{\partial^2\mathcal{V}_2}{\partial x_3\,\partial y_3}+\mathcal{C}_3\frac{\partial^2\mathcal{V}_2}{\partial x_3\,\partial z_3}\right)y_3\Big]dv_3.
\end{aligned}$$

Mais l'équilibre magnétique est supposé établi dans le milieu, ce qui donne

$$\begin{aligned}
\int\Big\{h\Big[&\frac{\partial(\mathcal{V}_1+\mathcal{V}_2+\mathcal{V}_3)}{\partial x_2}\delta\mathcal{A}_2+\frac{\partial(\mathcal{V}_1+\mathcal{V}_2+\mathcal{V}_3)}{\partial y_2}\delta\mathcal{B}_2\\
&+\frac{\partial(\mathcal{V}_1+\mathcal{V}_2+\mathcal{V}_3)}{\partial x_2}\delta\mathcal{C}_2\Big]+\frac{d\mathcal{F}_2(\mathfrak{M}_2)}{d\mathfrak{M}_2}\delta\mathfrak{M}_2\Big\}\,dv_2=0
\end{aligned}$$

ce qui fait disparaître le premier terme au second membre de l'égalité précédente.

Nous avons maintenant l'expression de $\delta\mathcal{F}$. Quant à $\delta\mathfrak{T}$, on a

$$\delta\mathfrak{T} = \delta x \sum X + \delta y \sum Y + \delta z \sum Z$$
$$+ \delta\lambda \sum (Zy - Yz) + \delta\mu \sum (Xz - Zx) + \delta\nu \sum (Yx - Xy).$$

Écrivons maintenant que

$$\delta\mathcal{F} - \delta\mathfrak{T} = 0,$$

quels que soient

$$\delta x, \quad \delta y, \quad \delta z, \quad \delta\lambda, \quad \delta\mu, \quad \delta\nu,$$

et nous aurons les égalités suivantes :

$$h \int \left[\mathcal{A}_3 \frac{\partial^2(\mathcal{V}_1 + \mathcal{V}_2)}{\partial x_3^2} + \mathcal{B}_3 \frac{\partial^2(\mathcal{V}_1 + \mathcal{V}_2)}{\partial x_3\, \partial y_3} + \mathcal{C}_3 \frac{\partial^2(\mathcal{V}_1 + \mathcal{V}_2)}{\partial x_3\, \partial z_3} \right] dv_3$$
$$+ \mathbf{S}\, \Psi_2(\mathfrak{M}_2) \cos(N_2, x)\, d\sigma = \sum X,$$

$$h \int \left[\mathcal{A}_3 \frac{\partial^2(\mathcal{V}_1 + \mathcal{V}_2)}{\partial y_3\, \partial x_3} + \mathcal{B}_3 \frac{\partial^2(\mathcal{V}_1 + \mathcal{V}_2)}{\partial y_3^2} + \mathcal{C}_3 \frac{\partial^2(\mathcal{V}_1 + \mathcal{V}_2)}{\partial y_3\, \partial z_3} \right] dv_3$$
$$+ \mathbf{S}\, \Psi_2(\mathfrak{M}_2) \cos(N_2, y)\, d\sigma = \sum Y,$$

$$h \int \left[\mathcal{A}_3 \frac{\partial^2(\mathcal{V}_1 + \mathcal{V}_2)}{\partial z_3\, \partial x_3} + \mathcal{B}_3 \frac{\partial^2(\mathcal{V}_1 + \mathcal{V}_2)}{\partial z_3\, \partial y_3} + \mathcal{C}_3 \frac{\partial^2(\mathcal{V}_1 + \mathcal{V}_2)}{\partial z_3^2} \right] dv_3$$
$$+ \mathbf{S}\, \Psi_2(\mathfrak{M}_2) \cos(N_2, z)\, d\sigma = \sum Z.$$

$$h \int \left\{ \left[\mathcal{A}_3 \frac{\partial^2(\mathcal{V}_1 + \mathcal{V}_2)}{\partial z_3\, \partial x_3} + \mathcal{B}_3 \frac{\partial^2(\mathcal{V}_1 + \mathcal{V}_2)}{\partial z_3\, \partial y_3} + \mathcal{C}_3 \frac{\partial^2(\mathcal{V}_1 + \mathcal{V}_2)}{\partial z_3^2} \right] y_3 \right.$$
$$\left. - \left[\mathcal{A}_3 \frac{\partial^2(\mathcal{V}_1 + \mathcal{V}_2)}{\partial y_3\, \partial x_3} + \mathcal{B}_3 \frac{\partial^2(\mathcal{V}_1 + \mathcal{V}_2)}{\partial y_3^2} + \mathcal{C}_3 \frac{\partial^2(\mathcal{V}_1 + \mathcal{V}_2)}{\partial y_3\, \partial z_3} \right] z_3 \right\} dv_3$$
$$+ \mathbf{S}\, \Psi_2(\mathfrak{M}_2)[y \cos(N_2, z) - z \cos(N_2, y)]\, d\sigma = \sum (Zy - Yz),$$

$$h \int \left\{ \left[\mathcal{A}_3 \frac{\partial^2(\mathcal{V}_1 + \mathcal{V}_2)}{\partial x_3^2} + \mathcal{B}_3 \frac{\partial^2(\mathcal{V}_1 + \mathcal{V}_2)}{\partial x_3\, \partial y_3} + \mathcal{C}_3 \frac{\partial^2(\mathcal{V}_1 + \mathcal{V}_2)}{\partial x_3\, \partial z_3} \right] z_3 \right.$$
$$\left. - \left[\mathcal{A}_3 \frac{\partial^2(\mathcal{V}_1 + \mathcal{V}_2)}{\partial z_3\, \partial x_3} + \mathcal{B}_3 \frac{\partial^2(\mathcal{V}_1 + \mathcal{V}_2)}{\partial z_3\, \partial y_3} + \mathcal{C}_3 \frac{\partial^2(\mathcal{V}_1 + \mathcal{V}_2)}{\partial z_3^2} \right] x_3 \right\} dv_3$$
$$+ \mathbf{S}\, \Psi_2(\mathfrak{M}_2)[z \cos(N_2, x) - x \cos(N_2, z)]\, d\sigma = \sum (Xz - Zx),$$

$$h \int \left\{ \left[\mathcal{A}_3 \frac{\partial^2(\mathcal{V}_1 + \mathcal{V}_2)}{\partial y_3\, \partial x_3} + \mathcal{B}_3 \frac{\partial^2(\mathcal{V}_1 + \mathcal{V}_2)}{\partial y_3^2} + \mathcal{C}_3 \frac{\partial^2(\mathcal{V}_1 + \mathcal{V}_2)}{\partial y_3\, \partial z_3} \right] x_3 \right.$$
$$\left. - \left[\mathcal{A}_3 \frac{\partial^2(\mathcal{V}_1 + \mathcal{V}_2)}{\partial x_3^2} + \mathcal{B}_3 \frac{\partial^2(\mathcal{V}_1 + \mathcal{V}_2)}{\partial x_3\, \partial y_3} + \mathcal{C}_3 \frac{\partial^2(\mathcal{V}_1 + \mathcal{V}_2)}{\partial x_3\, \partial z_3} \right] y_3 \right\} dv_3$$
$$+ \mathbf{S}\, \Psi_2(\mathfrak{M}_2)[x \cos(N_2, y) - y \cos(N_2, x)]\, d\sigma = \sum (Yx - Xy).$$

Telles sont les six équations d'équilibre d'un solide aimanté plongé dans un milieu magnétique. Elles nous montrent que les actions magnétiques exercées sur ce corps solide se réduisent :

1° Aux actions exercées en vertu des lois de Coulomb et de Gauss sur les divers éléments de volume du solide, par le magnétisme distribué sur l'aimant permanent et dans le milieu ;

2° D'une pression normale appliquée à sa surface et ayant pour valeur en chaque point

$$-\Psi_2(\mathfrak{M}_2).$$

$\Psi_2(\mathfrak{M}_2)$ étant, comme nous l'avons vu, positif, cette pression est négative et constitue en réalité une *tension*.

D'après les propriétés de la fonction $\Psi_2(\mathfrak{M}_2)$, dans le cas où le milieu s'aimante conformément à la loi approchée de Poisson, cette tension se réduit à $\frac{\mathfrak{M}_2^2}{2k_2}$, k_2 étant le coefficient d'aimantation du milieu.

§ IV. — Condition d'équilibre de la surface de séparation de deux fluides magnétiques.

Cette tension intervient encore lorsqu'on veut déterminer la forme d'équilibre de la surface de séparation de deux fluides magnétiques, question qui, nous l'allons voir, présente un grand intérêt pratique.

Imaginons deux fluides magnétiques *incompressibles* que nous désignerons par les indices 2 et 3, qui peuvent être soumis à l'action de certains systèmes magnétiques 1. Sans altérer le volume de chacun des deux fluides, déformons (*fig.* 2) leur surface de

Fig. 2.

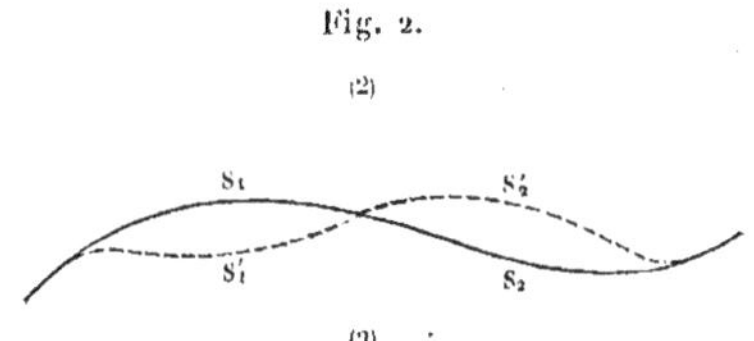

séparation de telle façon que de S_1S_2 elle vienne en $S'_1S'_2$. En raisonnant exactement comme dans le cas précédent, nous allons trouver l'expression suivante pour $\delta\mathcal{F}$:

$$\begin{aligned}\delta\mathcal{F} = \; & h\int\left[\frac{\partial(\mathrm{V}_1+\mathrm{V}_2+\mathrm{V}_3)}{\partial x_2}\delta\mathcal{A}_2+\frac{\partial(\mathrm{V}_1+\mathrm{V}_2+\mathrm{V}_3)}{\partial y_2}\delta\mathcal{B}_2+\frac{\partial(\mathrm{V}_1+\mathrm{V}_2+\mathrm{V}_3)}{\partial z_2}\delta\mathcal{C}_2\right]dv_2\\ & +h\int\left[\frac{\partial(\mathrm{V}_1+\mathrm{V}_2+\mathrm{V}_3)}{\partial x_3}\delta\mathcal{A}_3+\frac{\partial(\mathrm{V}_1+\mathrm{V}_2+\mathrm{V}_3)}{\partial y_3}\delta\mathcal{B}_3+\frac{\partial(\mathrm{V}_1+\mathrm{V}_2+\mathrm{V}_3)}{\partial z_3}\delta\mathcal{C}_3\right]dv_3\\ & +\int\frac{d\mathcal{F}_2(\mathfrak{M}_2)}{d\mathfrak{M}_2}\delta\mathfrak{M}_2\,dv_2+\int\frac{d\mathcal{F}_3(\mathfrak{M}_3)}{d\mathfrak{M}_3}\delta\mathfrak{M}_3\,dv_3\\ & -\mathrm{S}\left\{h\left[\mathcal{A}_2\frac{\partial(\mathrm{V}_1+\mathrm{V}_2+\mathrm{V}_3)}{\partial x_2}+\mathcal{B}_2\frac{\partial(\mathrm{V}_1+\mathrm{V}_2+\mathrm{V}_3)}{\partial y_2}\right.\right.\\ & \qquad\left.\left.+\mathcal{C}_2\frac{\partial(\mathrm{V}_1+\mathrm{V}_2+\mathrm{V}_3)}{\partial z_2}\right]+\mathcal{F}_2(\mathfrak{M}_2)\right\}\delta\mathrm{N}_2\,d\mathrm{S}\\ & -\mathrm{S}\left\{h\left[\mathcal{A}_3\frac{\partial(\mathrm{V}_1+\mathrm{V}_2+\mathrm{V}_3)}{\partial x_3}+\mathcal{B}_3\frac{\partial(\mathrm{V}_1+\mathrm{V}_2+\mathrm{V}_3)}{\partial y_3}\right.\right.\\ & \qquad\left.\left.+\mathcal{C}_3\frac{\partial(\mathrm{V}_1+\mathrm{V}_2+\mathrm{V}_3)}{\partial z_3}\right]+\mathcal{F}_3(\mathfrak{M}_3)\right\}\delta\mathrm{N}_3\,d\mathrm{S}.\end{aligned}$$

Mais, l'équilibre magnétique étant supposé établi sur le corps 2, on a

$$\begin{aligned}h\Bigg[&\frac{\partial(\mathrm{V}_1+\mathrm{V}_2+\mathrm{V}_3)}{\partial x_2}\delta\mathcal{A}_2+\frac{\partial(\mathrm{V}_1+\mathrm{V}_2+\mathrm{V}_3)}{\partial y_2}\delta\mathcal{B}_2\\ &+\frac{\partial(\mathrm{V}_1+\mathrm{V}_2+\mathrm{V}_3)}{\partial z_2}\delta\mathcal{C}_2\Bigg]+\frac{d\mathcal{F}_2(\mathfrak{M}_2)}{d\mathfrak{M}_2}\delta\mathfrak{M}_2=0.\end{aligned}$$

De même, l'équilibre magnétique étant supposé établi sur le corps 3, on a

$$\begin{aligned}h\Bigg[&\frac{\partial(\mathrm{V}_1+\mathrm{V}_2+\mathrm{V}_3)}{\partial x_3}\delta\mathcal{A}_3+\frac{\partial(\mathrm{V}_1+\mathrm{V}_2+\mathrm{V}_3)}{\partial y_3}\delta\mathcal{B}_3\\ &+\frac{\partial(\mathrm{V}_1+\mathrm{V}_2+\mathrm{V}_3)}{\partial z_3}\delta\mathcal{C}_3\Bigg]+\frac{d\mathcal{F}_3(\mathfrak{M}_3)}{d\mathfrak{M}_3}\delta\mathfrak{M}_3=0.\end{aligned}$$

Les égalités

$$\left\{\begin{aligned}\mathcal{A}_2 &= -h\mathrm{F}_2(\mathfrak{M}_2)\frac{\partial(\mathrm{V}_1+\mathrm{V}_2+\mathrm{V}_3)}{\partial x_2},\\ \mathcal{B}_2 &= -h\mathrm{F}_2(\mathfrak{M}_2)\frac{\partial(\mathrm{V}_1+\mathrm{V}_2+\mathrm{V}_3)}{\partial y_2},\\ \mathcal{C}_2 &= -h\mathrm{F}_2(\mathfrak{M}_2)\frac{\partial(\mathrm{V}_1+\mathrm{V}_2+\mathrm{V}_3)}{\partial z_2}\end{aligned}\right.$$

donnent

$$h\left[\mathcal{A}_2\frac{\partial(\mathcal{V}_1+\mathcal{V}_2+\mathcal{V}_3)}{\partial x_2}+\mathcal{B}_2\frac{\partial(\mathcal{V}_1+\mathcal{V}_2+\mathcal{V}_3)}{\partial y_2}+\mathcal{C}_2\frac{\partial(\mathcal{V}_1+\mathcal{V}_2+\mathcal{V}_3)}{\partial z_2}\right]+\mathfrak{F}_2(\mathfrak{M}_2)=\mathfrak{F}_2(\mathfrak{M}_2)-\frac{\mathfrak{M}_2^2}{F_2(\mathfrak{M}_2)}=-\Psi_2(\mathfrak{M}_2).$$

De même, les égalités

$$\left\{\begin{aligned}\mathcal{A}_3&=-hF_3(\mathfrak{M}_3)\frac{\partial(\mathcal{V}_1+\mathcal{V}_2+\mathcal{V}_3)}{\partial x_3},\\ \mathcal{B}_3&=-hF_3(\mathfrak{M}_3)\frac{\partial(\mathcal{V}_1+\mathcal{V}_2+\mathcal{V}_3)}{\partial y_3},\\ \mathcal{C}_3&=-hF_3(\mathfrak{M}_3)\frac{\partial(\mathcal{V}_1+\mathcal{V}_2+\mathcal{V}_3)}{\partial z_3}\end{aligned}\right.$$

donnent

$$h\left[\mathcal{A}_3\frac{\partial(\mathcal{V}_1+\mathcal{V}_2+\mathcal{V}_3)}{\partial x_3}+\mathcal{B}_3\frac{\partial(\mathcal{V}_1+\mathcal{V}_2+\mathcal{V}_3)}{\partial y_3}+\mathcal{C}_3\frac{\partial(\mathcal{V}_1+\mathcal{V}_2+\mathcal{V}_3)}{\partial z_3}\right]+\mathfrak{F}_3(\mathfrak{M}_3)=\mathfrak{F}_3(\mathfrak{M}_3)-\frac{\mathfrak{M}_3^2}{F_3(\mathfrak{M}_3)}=-\Psi_3(\mathfrak{M}_3).$$

On a d'ailleurs

$$\delta N_2+\delta N_3=0.$$

On trouve donc ce résultat très simple :

$$\delta\mathfrak{F}=\mathbf{S}\,[\Psi_2(\mathfrak{M}_2)-\Psi_3(\mathfrak{M}_3)]\,\delta N_2\,dS.$$

Calculons le travail $\delta\mathfrak{T}$ des forces extérieures.

Soient ρ_2 et ρ_3 les densités des fluides 2 et 3. Soient

$$\rho_2 X\,dv_2,\quad \rho_2 Y\,dv_2,\quad \rho_2 Z\,dv_2$$

les composantes de la force extérieure appliquée à l'élément dv_2; soient, de même,

$$\rho_3 X\,dv_3,\quad \rho_3 Y\,dv_3,\quad \rho_3 Z\,dv_3$$

les composantes de la force appliquée à l'élément dv_3.

Admettons que les forces extérieures dépendent d'une fonction potentielle, c'est-à-dire qu'il existe une fonction Ω, finie, continue et uniforme dans tout l'espace occupé par les fluides 2 et 3, telle que l'on ait

$$X = -\frac{\partial\Omega}{\partial x},$$

$$Y = -\frac{\partial\Omega}{\partial y},$$

$$Z = -\frac{\partial\Omega}{\partial z}.$$

Nous aurons

$$\delta\varpi = (\rho_2 - \rho_3) \mathbf{S}\, \Omega\, \delta N_2\, dS.$$

La condition d'équilibre

$$\delta\mathcal{F} - \delta\varpi = 0$$

devient alors

$$\mathbf{S} [\Psi_2(\mathfrak{M}_2) - \Psi_3(\mathfrak{M}_3) - (\rho_2 - \rho_3)\Omega]\, \delta N_2\, dS = 0.$$

Cette égalité doit avoir lieu pour toute déformation de la surface S qui laisse invariable le volume de chacun des deux fluides; c'est-à-dire qu'elle doit avoir lieu pour toutes les valeurs des δN_2 qui satisfont à la condition

$$\mathbf{S}\, \delta N_2\, dS = 0.$$

D'après un théorème connu du calcul des variations, il faut et il suffit pour cela qu'il existe une constante C, telle que l'égalité

$$\mathbf{S} [\Psi_2(\mathfrak{M}_2) - \Psi_3(\mathfrak{M}_3) - (\rho_2 - \rho_3)\Omega + C]\, \delta N_2\, dS = 0$$

ait lieu quels que soient les δN_2, ce qui donne, comme condition d'équilibre de la surface

$$\Psi_2(\mathfrak{M}_2) - \Psi_3(\mathfrak{M}_3) - (\rho_2 - \rho_3)\Omega + C = 0.$$

Faisons-en une application :

Un tube en U (*fig.* 3), renfermant un liquide pesant, de densité ρ_3, est placé dans l'air ou dans l'éther magnétique. Il est soumis à l'action d'un champ magnétique, de façon que sa branche B soit plus fortement aimantée que sa branche B'. Soit Z la hauteur d'un point de la surface liquide dans la branche B; soit Z' la hauteur d'un

Fig. 3.

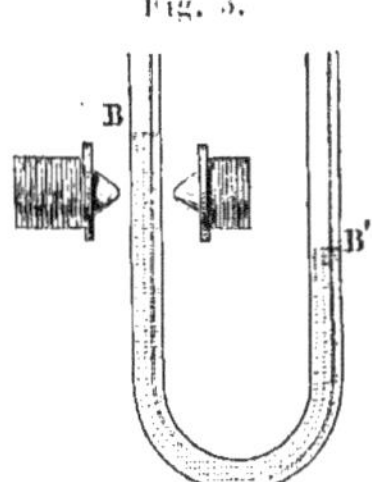

point de la surface liquide dans la branche B'. Nous avons ici

$$\Omega = gz,$$

g étant l'intensité de la pesanteur. Nous aurons donc, dans la branche B,

$$\Psi_3(\mathfrak{M}_3) - \Psi_2(\mathfrak{M}_2) = (\rho_3 - \rho_2) g Z + C,$$

et, dans la branche B',

$$\Psi_3(\mathfrak{M}'_3) - \Psi_2(\mathfrak{M}'_2) = (\rho_3 - \rho_2) g Z' + C;$$

d'où, en retranchant membre à membre,

$$(\rho_3 - \rho_2) g (Z - Z') = \Psi_3(\mathfrak{M}_3) - \Psi_2(\mathfrak{M}_2) - [\Psi_3(\mathfrak{M}'_3) - \Psi_2(\mathfrak{M}'_2)].$$

Il s'établira donc, en général, entre les deux branches une différence de niveau donnée par l'égalité précédente.

Supposons, en particulier, la branche B' située dans une région où le champ magnétique est peu intense, de façon que, dans cette branche, les fluides soient peu aimantés. L'égalité précédente se réduira à

$$(\rho_3 - \rho_2) g (Z - Z') = \Psi_3(\mathfrak{M}_3) - \Psi_2(\mathfrak{M}_2).$$

Si la quantité

$$\Psi_3(\mathfrak{M}_3) - \Psi_2(\mathfrak{M}_2)$$

est positive, le liquide s'élèvera plus dans la branche aimantée que dans l'autre branche; l'inverse aura lieu si la quantité

$$\Psi_3(\mathfrak{M}_3) - \Psi_2(\mathfrak{M}_2)$$

est négative.

Dans le cas où les corps considérés s'aimantent conformément à la théorie de Poisson, on a

$$\Psi_2(\mathfrak{M}_2) = \frac{\mathfrak{M}_2^2}{2k_2},$$

$$\Psi_3(\mathfrak{M}_3) = \frac{\mathfrak{M}_3^2}{2k_3},$$

et l'égalité précédente devient

$$(\rho_3 - \rho_2)g(Z - Z') = \frac{\mathfrak{M}_3^2}{2k_3} - \frac{\mathfrak{M}_2^2}{2k_2}.$$

D'ailleurs on a, dans ce cas,

$$\mathfrak{M}_2^2 = h^2 k_2^2 \left\{ \left[\frac{\partial(\mathfrak{V}_1 + \mathfrak{V}_2 + \mathfrak{V}_3)}{\partial x_2}\right]^2 + \left[\frac{\partial(\mathfrak{V}_1 + \mathfrak{V}_2 + \mathfrak{V}_3)}{\partial y_2}\right]^2 + \left[\frac{\partial(\mathfrak{V}_1 + \mathfrak{V}_2 + \mathfrak{V}_3)}{\partial z_2}\right]^2 \right\},$$

$$\mathfrak{M}_3^2 = h^2 k_3^2 \left\{ \left[\frac{\partial(\mathfrak{V}_1 + \mathfrak{V}_2 + \mathfrak{V}_3)}{\partial x_3}\right]^2 + \left[\frac{\partial(\mathfrak{V}_1 + \mathfrak{V}_2 + \mathfrak{V}_3)}{\partial y_3}\right]^2 + \left[\frac{\partial(\mathfrak{V}_1 + \mathfrak{V}_2 + \mathfrak{V}_3)}{\partial z_3}\right]^2 \right\}.$$

Supposons les deux corps 2 et 3 faiblement magnétiques; $\mathfrak{V}_2$ et $\mathfrak{V}_3$ seront négligeables en présence de $\mathfrak{V}_1$, et nous aurons alors

$$(\rho_3 - \rho_2)g(Z - Z') = \frac{h^2}{2}(k_3 - k_2)\left[\left(\frac{\partial \mathfrak{V}_1}{\partial x}\right)^2 + \left(\frac{\partial \mathfrak{V}_1}{\partial y}\right)^2 + \left(\frac{\partial \mathfrak{V}_1}{\partial z}\right)^2\right]$$

ou, en désignant par F l'intensité du champ au point considéré de la branche B :

$$(\rho_3 - \rho_2)g(Z - Z') = \frac{1}{2}(k_3 - k_2)F^2.$$

Si le liquide que renferme le tube a un coefficient d'aimantation plus grand que celui du milieu dans lequel il est plongé, le liquide monte dans la branche aimantée; il descend dans le cas contraire.

La mesure de la dénivellation qui s'établit entre les deux branches du tube fournit un moyen pour déterminer la différence entre le coefficient d'aimantation du liquide et le coefficient d'aimantation du milieu. Cette méthode a été employée par G.

Quincke. G. Kirchhoff (¹) a donné la théorie des expériences de Quincke pour le cas où l'on admet la théorie de Poisson.

§ V. — Mouvement d'un corps plongé dans un milieu magnétique.

Supposons un corps parfaitement doux 3 plongé dans un milieu magnétique 2 en présence d'aimants permanents 1. Le potentiel thermodynamique interne du système a pour valeur

$$
\begin{aligned}
\mathcal{F} = \mathrm{E}(\mathrm{U}-\mathrm{TS}) &+ \frac{h}{2}\int\left(\mathcal{A}_1\frac{\partial \mathcal{V}_1}{\partial x_1} + \mathcal{B}_1\frac{\partial \mathcal{V}_1}{\partial y_1} + \mathcal{C}_1\frac{\partial \mathcal{V}_1}{\partial z_1}\right)dv_1 \\
&+ \frac{h}{2}\int\left(\mathcal{A}_2\frac{\partial \mathcal{V}_2}{\partial x_2} + \mathcal{B}_2\frac{\partial \mathcal{V}_2}{\partial y_2} + \mathcal{C}_2\frac{\partial \mathcal{V}_2}{\partial z_2}\right)dv_2 \\
&+ \frac{h}{2}\int\left(\mathcal{A}_3\frac{\partial \mathcal{V}_3}{\partial x_3} + \mathcal{B}_3\frac{\partial \mathcal{V}_3}{\partial y_3} + \mathcal{C}_3\frac{\partial \mathcal{V}_3}{\partial z_3}\right)dv_3 \\
&+ h\int\left[\mathcal{A}_2\frac{\partial(\mathcal{V}_1+\mathcal{V}_3)}{\partial x_2} + \mathcal{B}_2\frac{\partial(\mathcal{V}_1+\mathcal{V}_3)}{\partial y_2}\right. \\
&\qquad\qquad \left. + \mathcal{C}_2\frac{\partial(\mathcal{V}_1+\mathcal{V}_3)}{\partial z_2}\right]dv_2 \\
&+ h\int\left[\mathcal{A}_3\frac{\partial \mathcal{V}_1}{\partial x_3} + \mathcal{B}_3\frac{\partial \mathcal{V}_1}{\partial y_3} + \mathcal{C}_3\frac{\partial \mathcal{V}_1}{\partial z_3}\right]dv_3 \\
&+ \int\mathcal{F}_1(\mathfrak{M}_1)\,dv_1 + \int\mathcal{F}_2(\mathfrak{M}_2)\,dv_2 + \int\mathcal{F}_3(\mathfrak{M}_3)\,dv_3.
\end{aligned}
$$

Nous remarquerons en outre que l'on a

$$
\begin{aligned}
&\int\left(\mathcal{A}_2\frac{\partial \mathcal{V}_3}{\partial x_2} + \mathcal{B}_2\frac{\partial \mathcal{V}_3}{\partial y_2} + \mathcal{C}_2\frac{\partial \mathcal{V}_3}{\partial z_2}\right)dv_2 \\
&= \int\left(\mathcal{A}_3\frac{\partial \mathcal{V}_2}{\partial x_3} + \mathcal{B}_3\frac{\partial \mathcal{V}_2}{\partial y_3} + \mathcal{C}_3\frac{\partial \mathcal{V}_2}{\partial z_3}\right)dv_3.
\end{aligned}
$$

Les égalités

$$
\left\{
\begin{aligned}
\mathcal{A}_2 &= -\,h\,\mathrm{F}_2(\mathfrak{M}_2)\frac{\partial(\mathcal{V}_1+\mathcal{V}_2+\mathcal{V}_3)}{\partial x_2}, \\
\mathcal{B}_2 &= -\,h\,\mathrm{F}_2(\mathfrak{M}_2)\frac{\partial(\mathcal{V}_1+\mathcal{V}_2+\mathcal{V}_3)}{\partial y_2}, \\
\mathcal{C}_2 &= -\,h\,\mathrm{F}_2(\mathfrak{M}_2)\frac{\partial(\mathcal{V}_1+\mathcal{V}_2+\mathcal{V}_3)}{\partial z_2}
\end{aligned}
\right.
$$

(¹) G. Kirchhoff, *Ueber einige Anwendungen der Theorie der Formänderung, welche ein Körper erfährt wenn er magnetisch oder dielektrisch polarisirt wird* (*Sitzungsber. der Berliner Akademie*, t. II, p. 1155; 1884).

et

$$\left\{\begin{aligned} \mathcal{A}_3 &= -\,h\,F_3(\mathfrak{M}_3)\frac{\partial(\mathcal{V}_1+\mathcal{V}_2+\mathcal{V}_3)}{\partial x_3},\\ \mathcal{B}_3 &= -\,h\,F_3(\mathfrak{M}_3)\frac{\partial(\mathcal{V}_1+\mathcal{V}_2+\mathcal{V}_3)}{\partial y_3},\\ \mathcal{C}_3 &= -\,h\,F_3(\mathfrak{M}_3)\frac{\partial(\mathcal{V}_1+\mathcal{V}_3+\mathcal{V}_3)}{\partial z_3}\end{aligned}\right.$$

permettent d'écrire

$$\begin{aligned}\mathcal{F} = E(U-TS) &+ \frac{h}{2}\int\left(\mathcal{A}_1\frac{\partial\mathcal{V}_1}{\partial x_1}+\mathcal{B}_1\frac{\partial\mathcal{V}_1}{\partial y_1}+\mathcal{C}_1\frac{\partial\mathcal{V}_1}{\partial z_1}\right)dv_1+\int\mathcal{F}_1(\mathfrak{M}_1)\,dv_1\\ &-\int\left[\frac{\mathfrak{M}_2^2}{F_2(\mathfrak{M}_2)}-\mathcal{F}_2(\mathfrak{M}_2)\right]dv_2-\int\left[\frac{\mathfrak{M}_3^2}{F_3(\mathfrak{M}_2)}-\mathcal{F}_3(\mathfrak{M}_2)\right]dv_3\\ &-\frac{h}{2}\int\left(\mathcal{A}_2\frac{\partial\mathcal{V}_2}{\partial x_2}+\mathcal{B}_2\frac{\partial\mathcal{V}_2}{\partial y_2}+\mathcal{C}_2\frac{\partial\mathcal{V}_2}{\partial z_2}\right)dv_2\\ &-h\int\left(\mathcal{A}_2\frac{\partial\mathcal{V}_3}{\partial x_2}+\mathcal{B}_2\frac{\partial\mathcal{V}_3}{\partial y_2}+\mathcal{C}_2\frac{\partial\mathcal{V}_3}{\partial z_2}\right)dv_2\\ &-\frac{h}{2}\int\left(\mathcal{A}_3\frac{\partial\mathcal{V}_3}{\partial x_3}+\mathcal{B}_3\frac{\partial\mathcal{V}_3}{\partial y_3}+\mathcal{C}_3\frac{\partial\mathcal{V}_3}{\partial z_3}\right)dv_3.\end{aligned}$$

Désignons par A la quantité

$$A = \frac{h}{2}\int\left(\mathcal{A}_1\frac{\partial\mathcal{V}_1}{\partial x_1}+\mathcal{B}_1\frac{\partial\mathcal{V}_1}{\partial x_1}+\mathcal{C}_1\frac{\partial\mathcal{V}_1}{\partial z_1}\right)dv_1+\int\mathcal{F}_1(\mathfrak{M}_1)\,dv_1$$

qui demeure invariable si l'aimant est permanent.

Désignons par Y la quantité

$$\begin{aligned}Y = \;&\frac{h}{2}\int\left(\mathcal{A}_2\frac{\partial\mathcal{V}_2}{\partial x_2}+\mathcal{B}_2\frac{\partial\mathcal{V}_2}{\partial y_2}+\mathcal{C}_2\frac{\partial\mathcal{V}_2}{\partial z_2}\right)dv_2\\ &+h\int\left(\mathcal{A}_2\frac{\partial\mathcal{V}_3}{\partial x_2}+\mathcal{B}_2\frac{\partial\mathcal{V}_3}{\partial y_2}+\mathcal{C}_2\frac{\partial\mathcal{V}_3}{\partial z_2}\right)dv_2\\ &+\frac{h}{2}\int\left(\mathcal{A}_3\frac{\partial\mathcal{V}_3}{\partial x_3}+\mathcal{B}_3\frac{\partial\mathcal{V}_3}{\partial y_3}+\mathcal{C}_3\frac{\partial\mathcal{V}_3}{\partial z_3}\right)dv_3,\end{aligned}$$

c'est-à-dire le potentiel magnétique des charges réparties sur le corps parfaitement doux et dans le milieu magnétique. Nous aurons

$$\mathcal{F} = E(U-TS)+A-\int\Psi_2(\mathfrak{M}_2)\,dv_2-\int\Psi_3(\mathfrak{M}_3)\,dv_3-Y. \tag{12}$$

Telle est la forme du potentiel thermodynamique interne d'un système formé d'un aimant permanent, d'un corps parfaitement doux et d'un milieu magnétique, en supposant l'équilibre électrique constamment établi sur le corps parfaitement doux et dans le milieu.

Cette expression prend une forme très simple dans le cas particulier où le corps parfaitement doux et le milieu magnétique sont tous deux *faiblement magnétiques*.

Dans ce cas, $\Psi_2(\mathfrak{M}_2)$, $\Psi_3(\mathfrak{M}_3)$ sont des quantités petites du même ordre que $F_2(\mathfrak{M}_2)$, $F_3(\mathfrak{M}_3)$, tandis que Y est de l'ordre des quantités

$$F_2^2(\mathfrak{M}_2),\quad F_2(\mathfrak{M}_2)F_3(\mathfrak{M}_3),\quad F_3^2(\mathfrak{M}_3).$$

La quantité Y est donc en général négligeable devant les autres termes variables de $\mathfrak{F}$, et l'on a

$$(13)\qquad \mathfrak{F} = E(U - TS) + A - \int \Psi_2(\mathfrak{M}_2)\,dv_2 - \int \Psi_3(\mathfrak{M}_3)\,dv_3.$$

Cette égalité (13) est d'une forme très simple et elle se prête aisément à la discussion d'un certain nombre de problèmes.

Voyons ce qu'elle devient dans le cas où l'on admet la théorie de Poisson.

On a alors

$$\Psi_2(\mathfrak{M}_2) = \frac{\mathfrak{M}_2^2}{2k_2},\qquad \Psi_3(\mathfrak{M}_3) = \frac{\mathfrak{M}_3^2}{2k_3}.$$

D'ailleurs,

$$\mathfrak{M}_2^2 = h^2k_2^2\left[\left(\frac{\partial\mathcal{V}}{\partial x_2}\right)^2 + \left(\frac{\partial\mathcal{V}}{\partial y_2}\right)^2 + \left(\frac{\partial\mathcal{V}}{\partial z_2}\right)^2\right],$$

$$\mathfrak{M}_3^2 = h^2k_3^2\left[\left(\frac{\partial\mathcal{V}}{\partial x_3}\right)^2 + \left(\frac{\partial\mathcal{V}}{\partial y_3}\right)^2 + \left(\frac{\partial\mathcal{V}}{\partial z_3}\right)^2\right],$$

égalités dans lesquelles

$$\mathcal{V} = \mathfrak{V}_1 + \mathfrak{V}_2 + \mathfrak{V}_3.$$

Les corps 2 et 3 étant faiblement magnétiques, $\mathfrak{V}_2$ et $\mathfrak{V}_3$ sont négligeables devant $\mathfrak{V}_1$. On a donc

$$(14)\qquad \begin{cases} \mathfrak{M}_2^2 = h^2k_2^2\left[\left(\dfrac{\partial\mathfrak{V}_1}{\partial x_2}\right)^2 + \left(\dfrac{\partial\mathfrak{V}_1}{\partial y_2}\right)^2 + \left(\dfrac{\partial\mathfrak{V}_1}{\partial z_2}\right)^2\right], \\ \mathfrak{M}_3^2 = h^2k_3^2\left[\left(\dfrac{\partial\mathfrak{V}_1}{\partial x_3}\right)^2 + \left(\dfrac{\partial\mathfrak{V}_1}{\partial y_3}\right)^2 + \left(\dfrac{\partial\mathfrak{V}_1}{\partial z_3}\right)^2\right], \end{cases}$$

et l'égalité (13) devient

$$(15)\qquad \mathfrak{F}=\mathrm{E}(\mathrm{U}-\mathrm{TS})+\Lambda-\frac{h^2}{2}k_2\int\left[\left(\frac{\partial \mathfrak{V}_1}{\partial x_2}\right)^2+\left(\frac{\partial \mathfrak{V}_1}{\partial y_2}\right)^2+\left(\frac{\partial \mathfrak{V}_1}{\partial z_2}\right)^2\right]dv_2$$
$$-\frac{h^2}{2}k_3\int\left[\left(\frac{\partial \mathfrak{V}_1}{\partial x_3}\right)^2+\left(\frac{\partial \mathfrak{V}_1}{\partial y_3}\right)^2+\left(\frac{\partial \mathfrak{V}_1}{\partial z_3}\right)^2\right]dv_3.$$

Employons ces formules à la résolution de la question suivante :

Dans quel cas un corps magnétique, plongé dans un milieu magnétique, peut-il passer, sans l'action d'aucune force extérieure, d'une position à une autre?

Il est nécessaire et suffisant pour cela que $\mathfrak{F}$ ait une moindre valeur dans la deuxième position que dans la première. Accentuons les lettres relatives à la deuxième position. D'après l'égalité (13), la condition en question sera la suivante :

$$(16)\qquad \int\Psi_2(\mathfrak{M}'_2)\,dv'_2+\int\Psi_3(\mathfrak{M}'_3)\,dv'_3$$
$$-\int\Psi_2(\mathfrak{M}_2)\,dv_2-\int\Psi_3(\mathfrak{M}_3)\,dv_3>0.$$

Cette condition (16) peut s'interpréter de la manière suivante :

Le travail élémentaire des forces qui tendent à déplacer le corps parfaitement doux a pour valeur

$$\partial\mathfrak{T}=\delta\int_{v_2}\Psi_2(\mathfrak{M}_2)\,dv_2+\delta\int_{v_3}\Psi_3(\mathfrak{M}_3)\,dv_3.$$

Cette expression peut se modifier légèrement.

Les égalités (14) définissent pour $\mathfrak{M}_2$ une valeur même aux points intérieurs au corps 3, en sorte que le symbole

$$\int_{v_3}\Psi_2(\mathfrak{M}_2)\,dv_3$$

a un sens; d'ailleurs,

$$\int_{v_2}\Psi_2(\mathfrak{M}_2)\,dv_2+\int_{v_3}\Psi_2(\mathfrak{M}_2)\,dv_3$$

représente la quantité

$$\int\Psi_2(\mathfrak{M}_2)\,dv$$

étendue à tout l'espace extérieur à l'aimant permanent. Cette quantité est évidemment invariable; on a donc

$$\delta \int_{v_2} \Psi_2(\mathfrak{M}_2)\, dv_2 + \delta \int_{v_3} \Psi_2(\mathfrak{M}_2)\, dv_3 = 0,$$

et l'on peut écrire

$$(17) \qquad \delta \mathfrak{G} = \delta \int_{v_3} \Psi_3(\mathfrak{M}_3)\, dv_3 - \delta \int_{v_3} \Psi_2(\mathfrak{M}_2)\, dv_3.$$

La quantité

$$\delta \int_{v_3} \Psi_3(\mathfrak{M}_3)\, dv_3$$

représente le travail des forces qui seraient exercées sur le corps parfaitement doux si le milieu magnétique n'existait pas.

La quantité

$$\delta \int_{v_3} \Psi_2(\mathfrak{M}_2)\, dv_3$$

représente le travail des forces qui seraient exercées sur une masse d'éther magnétique remplissant le volume occupé par le corps parfaitement doux, si le reste du milieu magnétique n'existait pas. Les équations (14) et (16) nous conduisent donc au résultat suivant :

Lorsqu'un corps faiblement magnétique est plongé dans un milieu faiblement magnétique, chacun d'eux s'aimante sous l'action d'aimants permanents comme s'il était seul.

Les actions exercées sur le corps parfaitement doux s'obtiennent en composant les actions qui seraient exercées sur ce corps si le milieu magnétique n'existait pas et des actions égales et directement opposées à celles qui seraient exercées sur une masse d'éther magnétique remplissant le volume du corps parfaitement doux et supposée isolée du reste de l'éther magnétique.

C'est la loi énoncée par M. Edmond Becquerel.

Nous avons vu que l'on avait, dans le cas où l'aimantation suivait la loi donnée par Poisson,

$$\Psi_2(\mathfrak{M}_2) = \frac{h^2 k_2}{2}\left[\left(\frac{\partial \mathcal{V}_1}{\partial x_2}\right)^2 + \left(\frac{\partial \mathcal{V}_1}{\partial y_2}\right)^2 + \left(\frac{\partial \mathcal{V}_1}{\partial z_2}\right)^2\right],$$

$$\Psi_3(\mathfrak{M}_3) = \frac{h^2 k_3}{2}\left[\left(\frac{\partial \mathcal{V}_1}{\partial x_3}\right)^2 + \left(\frac{\partial \mathcal{V}_1}{\partial y_3}\right)^2 + \left(\frac{\partial \mathcal{V}_1}{\partial z_3}\right)^2\right].$$

L'égalité (17) peut donc s'écrire

$$\delta\varpi = \frac{h^2}{2}(k_3 - k_2)\delta\int\left[\left(\frac{\partial\mathcal{V}_1}{\partial x_3}\right)^2 + \left(\frac{\partial\mathcal{V}_1}{\partial y_3}\right)^2 + \left(\frac{\partial\mathcal{V}_1}{\partial z_3}\right)^2\right] dv_3.$$

Soit F l'intensité du champ magnétique créé par l'aimant permanent. On a

$$F^2 = h^2\left[\left(\frac{\partial\mathcal{V}_1}{\partial x}\right)^2 + \left(\frac{\partial\mathcal{V}_1}{\partial y}\right)^2 + \left(\frac{\partial\mathcal{V}_1}{\partial z}\right)^2\right],$$

et l'égalité précédente devient

$$\delta\varpi = \frac{k_3 - k_2}{2}\delta\int F^2\, dv_3. \tag{18}$$

Nous donnerons à la quantité

$$\frac{1}{v_3}\int F^2\, dv_3$$

le nom de *carré moyen de l'intensité du champ dans l'espace occupé par le corps.*

Si $(k_3 - k_2)$ est positif, nous dirons que le corps est *magnétique en apparence.*

Si $(k_3 - k_2)$ est négatif, nous dirons que le corps est *diamagnétique en apparence.*

Nous arrivons alors aux lois suivantes :

Un corps magnétique en apparence tend à se déplacer de lui-même dans un sens tel que le carré moyen de l'intensité du champ dans l'espace qu'il occupe aille en augmentant.

Un corps diamagnétique en apparence tend à se déplacer de lui-même dans un sens tel que le carré moyen de l'intensité du champ dans l'espace qu'il occupe aille en diminuant.

Supposons, en particulier, que le corps considéré soit très petit. Les propositions précédentes pourront s'énoncer ainsi :

Un corps très petit, magnétique en apparence, tend à se déplacer dans un champ magnétique vers les points où le champ a une plus grande intensité qu'au point où il se trouve.

Un corps très petit, diamagnétique en apparence, tend à se déplacer dans un champ magnétique vers les points où le champ a une moindre intensité qu'au point où il se trouve.

Ces lois avaient été énoncées d'une manière générale par Faraday. Sir W. Thomson en a donné une démonstration ([1]). Mais la démonstration de Sir W. Thomson, qui ne suppose pas le corps peu magnétique, n'est pas exacte ([2]). La loi doit être restreinte aux corps peu magnétiques plongés dans un milieu peu magnétique.

§ VI. — Stabilité d'équilibre d'un corps plongé dans un milieu magnétique.

Si nous considérions un corps *réellement diamagnétique*, c'est-à-dire un corps pour lequel la fonction $F(\mathfrak{M})$ fût négative, et si nous supposions que le milieu qui entoure ce corps ne fût pas magnétique, la démonstration précédente pourrait être répétée pourvu que le corps fût *faiblement* diamagnétique et que sa fonction magnétisante variât peu avec l'aimantation.

Donc, un tel corps, placé dans un champ magnétique, et supposé très petit, se déplacerait toujours vers des points du champ où l'intensité magnétique a une valeur moindre qu'au point où il se trouve.

Or, Sir W. Thomson a montré par des exemples que, dans un champ magnétique, il peut exister des points où l'intensité du champ est moindre qu'en tous les points voisins. Par conséquent, un très petit corps faiblement diamagnétique, placé en un de ces points, y serait en état d'équilibre stable. C'est en effet la conséquence que Sir W. Thomson en a tirée.

D'autre part, nous avons repris l'étude générale de la stabilité d'équilibre d'un corps magnétique ou diamagnétique quelconque placé dans un milieu non magnétique, et nous sommes arrivé à la conclusion suivante ([3]) :

S'il existe une position d'équilibre pour une masse magnétique ou diamagnétique quelconque, soumise à l'action d'aimants permanents, d'une pression normale et uniforme aux divers points de sa surface et d'une force constante en gran-

---

([1]) Sir W. THOMSON, *Reprint of papers on electrostatics and magnetism*. 2e édition, p. 502 et 505.

([2]) *Théorie nouvelle de l'aimantation par influence*, p. 73.

([3]) *Théorie nouvelle de l'aimantation par influence*, p. 69.

deur et en direction agissant sur ses divers éléments, et si de plus l'aimantation de cette masse demeure stable lorsqu'on maintient cette masse dans cette position, l'équilibre de cette masse est un équilibre instable.

Il semble qu'il y ait contradiction entre cette proposition générale et la proposition de Sir W. Thomson, que nous avons reconnue exacte dans le cas des petits corps faiblement diamagnétiques à fonction magnétisante peu variable. Mais cette contradiction disparaît si l'on observe que, d'après la démonstration donnée dans la première Partie, sur les corps faiblement diamagnétiques à fonction magnétisante peu variable, il ne peut pas exister de distribution magnétique stable ; ou, plutôt, cette contradiction fournit une nouvelle démonstration de l'instabilité de l'aimantation des corps diamagnétiques proprement dits.

La proposition de Sir W. Thomson demeure exacte, comme nous l'avons vu, pour le cas de corps faiblement magnétiques plongés dans un milieu plus magnétique. D'ailleurs, dans ce cas, l'aimantation du système est stable. Donc, la proposition générale que nous avons démontrée pour le cas d'un corps magnétique plongé dans un milieu non magnétique ne doit plus être exacte d'une manière générale lorsque le corps est plongé dans un milieu magnétique. Nous sommes amenés, par conséquent, à reprendre l'étude de la stabilité de l'équilibre d'un corps magnétique quelconque plongé dans un milieu magnétique quelconque.

Nous commencerons par supposer que *le corps et le milieu ayant pris leur aimantation d'équilibre, on donne au corps une translation quelconque sans faire varier son aimantation. L'aimantation du milieu variera de manière à rester aimantation d'équilibre. Nous étudierons la stabilité pour de semblables déplacements.*

Nous conserverons l'indice 1 pour désigner les aimants permanents ; l'indice 2 pour désigner le milieu ; l'indice 3 pour désigner le corps. Les composantes de la translation sont δx, δy, δz. En un point (x, y, z) du milieu, les composantes de l'aimantation sont, avant la translation, $\mathcal{A}_2$, $\mathcal{B}_2$, $\mathcal{C}_2$. Après la translation, elles ont, en ce même point, les valeurs

$$\mathcal{A}_2 + \delta' \mathcal{A}_2, \quad \mathcal{B}_2 + \delta' \mathcal{B}_2, \quad \mathcal{C}_2 + \delta' \mathcal{C}_2.$$

Les quantités $\delta'\mathcal{A}_2$, $\delta'\mathcal{B}_2$, $\delta'\mathcal{C}_2$ doivent être liées à δx, δy, δz, par des relations qu'il nous faut trouver.

La condition d'équilibre du milieu avant la translation peut s'exprimer de la manière suivante. Quelles que soient les quantités $\delta\mathcal{A}_2$, $\delta\mathcal{B}_2$, $\delta\mathcal{C}_2$, on a

$$(1)\quad h\int\left[\frac{\partial(\mathcal{V}_1+\mathcal{V}_2+\mathcal{V}_3)}{\partial x_2}\delta\mathcal{A}_2+\frac{\partial(\mathcal{V}_1+\mathcal{V}_2+\mathcal{V}_3)}{\partial y_2}\delta\mathcal{B}_2+\frac{\partial(\mathcal{V}_1+\mathcal{V}_2+\mathcal{V}_3)}{\partial z_2}\delta\mathcal{C}_2\right]dv_2$$
$$+\int\frac{1}{\mathcal{M}_2}\frac{d\mathcal{F}_2(\mathcal{M}_2)}{d\mathcal{M}_2}(\mathcal{A}_2\,\delta\mathcal{A}_2+\mathcal{B}_2\,\delta\mathcal{B}_2+\mathcal{C}_2\,\delta\mathcal{C}_2)=0.$$

Cette égalité doit avoir encore lieu quelles que soient les quantités $\delta\mathcal{A}_2$, $\delta\mathcal{B}_2$, $\delta\mathcal{C}_2$, lorsque le corps a subi la translation δx, δy, δz, et lorsque les composantes de l'aimantation dans le milieu sont devenues $\delta'\mathcal{A}_2$, $\delta'\mathcal{B}_2$, $\delta'\mathcal{C}_2$. Nous devons donc donner au corps la translation considérée, faire varier $\mathcal{A}_2$, $\mathcal{B}_2$, $\mathcal{C}_2$ de $\delta'\mathcal{A}_2$, $\delta'\mathcal{B}_2$, $\delta'\mathcal{C}_2$, laisser quelconques les quantités $\delta\mathcal{A}_2$, $\delta\mathcal{B}_2$, $\delta\mathcal{C}_2$, chercher la variation du premier membre de l'égalité précédente, et égaler cette variation à 0.

1° *Variation du terme*

$$h\int\left(\frac{\partial\mathcal{V}_1}{\partial x_2}\delta\mathcal{A}_2+\frac{\partial\mathcal{V}_1}{\partial y_2}\delta\mathcal{B}_2+\frac{\partial\mathcal{V}_1}{\partial z_2}\delta\mathcal{C}_2\right)dv_2.$$

Si nous désignons par N_2 la normale à la surface du corps 3 dirigée vers l'intérieur du corps 2, et par $d\sigma$ un élément de cette surface, nous aurons

$$(2)\quad \delta h\int\left(\frac{\partial\mathcal{V}_1}{\partial x_2}\delta\mathcal{A}_2+\frac{\partial\mathcal{V}_1}{\partial y_2}\delta\mathcal{B}_2+\frac{\partial\mathcal{V}_1}{\partial z_2}\delta\mathcal{C}_2\right)dv_2$$
$$=-h\,\delta x\,\mathrm{S}\left(\frac{\partial\mathcal{V}_1}{\partial x_2}\delta\mathcal{A}_2+\frac{\partial\mathcal{V}_1}{\partial y_2}\delta\mathcal{B}_2+\frac{\partial\mathcal{V}_1}{\partial z_2}\delta\mathcal{C}_2\right)\cos(N_2,x)\,d\sigma$$
$$-h\,\delta y\,\mathrm{S}\left(\frac{\partial\mathcal{V}_1}{\partial x_2}\delta\mathcal{A}_2+\frac{\partial\mathcal{V}_1}{\partial y_2}\delta\mathcal{B}_2+\frac{\partial\mathcal{V}_1}{\partial z_2}\delta\mathcal{C}_2\right)\cos(N_2,y)\,d\sigma$$
$$-h\,\delta z\,\mathrm{S}\left(\frac{\partial\mathcal{V}_1}{\partial x_2}\delta\mathcal{A}_2+\frac{\partial\mathcal{V}_1}{\partial y_2}\delta\mathcal{B}_2+\frac{\partial\mathcal{V}_1}{\partial z_2}\delta\mathcal{C}_2\right)\cos(N_2,z)\,d\sigma.$$

2° *Variation du terme*

$$\int\frac{1}{\mathcal{M}_2}\frac{d\mathcal{F}_2(\mathcal{M}_2)}{d\mathcal{M}_2}[\mathcal{A}_2\,\delta\mathcal{A}_2+\mathcal{B}_2\,\delta\mathcal{B}_2+\mathcal{C}_2\,\delta\mathcal{C}_2]\,dv_2.$$

Cette variation a pour valeur

$$
\begin{aligned}
(3)\qquad & \int \frac{1}{\mathfrak{M}_2}\frac{d\mathcal{F}_2(\mathfrak{M}_2)}{d\mathfrak{M}_2}\left[\delta\mathcal{A}_2\,\delta'\mathcal{A}_2+\delta\mathcal{B}_2\,\delta'\mathcal{B}_2+\delta\mathcal{C}_2\,\delta'\mathcal{C}_2\right]dv_2 \\
& +\int \frac{1}{\mathfrak{M}_2}\frac{d}{d\mathfrak{M}_2}\left[\frac{1}{\mathfrak{M}_2}\frac{d\mathcal{F}_2(\mathfrak{M}_2)}{d\mathfrak{M}_2}\right] \\
& \quad\times(\mathcal{A}_2\,\delta\mathcal{A}_2+\mathcal{B}_2\,\delta\mathcal{B}_2+\mathcal{C}_2\,\delta\mathcal{C}_2)(\mathcal{A}_2\,\delta'\mathcal{A}_2+\mathcal{B}_2\,\delta'\mathcal{B}_2+\mathcal{C}_2\,\delta'\mathcal{C}_2)\,dv_2 \\
& -\delta x\,\mathbf{S}\,\frac{1}{\mathfrak{M}_2}\frac{d\mathcal{F}_2(\mathfrak{M}_2)}{d\mathfrak{M}_2}(\mathcal{A}_2\,\delta\mathcal{A}_2+\mathcal{B}_2\,\delta\mathcal{B}_2+\mathcal{C}_2\,\delta\mathcal{C}_2)\cos(\mathrm{N}_2,x)\,d\sigma \\
& -\delta y\,\mathbf{S}\,\frac{1}{\mathfrak{M}_2}\frac{d\mathcal{F}_2(\mathfrak{M}_2)}{d\mathfrak{M}_2}(\mathcal{A}_2\,\delta\mathcal{A}_2+\mathcal{B}_2\,\delta\mathcal{B}_2+\mathcal{C}_2\,\delta\mathcal{C}_2)\cos(\mathrm{N}_2,y)\,d\sigma \\
& -\delta z\,\mathbf{S}\,\frac{1}{\mathfrak{M}_2}\frac{d\mathcal{F}_2(\mathfrak{M}_2)}{d\mathfrak{M}_2}(\mathcal{A}_2\,\delta\mathcal{A}_2+\mathcal{B}_2\,\delta\mathcal{B}_2+\mathcal{C}_2\,\delta\mathcal{C}_2)\cos(\mathrm{N}_2,z)\,d\sigma.
\end{aligned}
$$

3° *Variation du terme*

$$
h\int\left(\frac{\partial\mathcal{V}_2}{\partial x_2}\delta\mathcal{A}_2+\frac{\partial\mathcal{V}_2}{\partial y_2}\delta\mathcal{B}_2+\frac{\partial\mathcal{V}_2}{\partial z_2}\delta\mathcal{C}_2\right)dv_2.
$$

Si l'on remarque

$$
\mathcal{V}_2=\int\left(\mathcal{A}'_2\frac{\partial\frac{1}{r}}{\partial x'_2}+\mathcal{B}'_2\frac{\partial\frac{1}{r}}{\partial y'_2}+\mathcal{C}'_2\frac{\partial\frac{1}{r}}{\partial z'_2}\right)dv'_2,
$$

on trouvera sans peine que la variation cherchée a pour valeur

$$
\begin{aligned}
(4)\qquad & h\int\Bigg[\delta\mathcal{A}_2\frac{\partial}{\partial x_2}\int\left(\frac{\partial\frac{1}{r}}{\partial x'_2}\delta'\mathcal{A}'_2+\frac{\partial\frac{1}{r}}{\partial y'_2}\delta'\mathcal{B}'_2+\frac{\partial\frac{1}{r}}{\partial z'_2}\delta'\mathcal{C}'_2\right)dv'_2 \\
& \qquad+\delta\mathcal{B}_2\frac{\partial}{\partial y_2}\int\left(\frac{\partial\frac{1}{r}}{\partial x'_2}\delta'\mathcal{A}'_2+\frac{\partial\frac{1}{r}}{\partial y'_2}\delta'\mathcal{B}'_2+\frac{\partial\frac{1}{r}}{\partial z'_2}\delta'\mathcal{C}'_2\right)dv'_2 \\
& \qquad+\delta\mathcal{C}_2\frac{\partial}{\partial z_2}\int\left(\frac{\partial\frac{1}{r}}{\partial x'_2}\delta'\mathcal{A}'_2+\frac{\partial\frac{1}{r}}{\partial y'_2}\delta'\mathcal{B}'_2+\frac{\partial\frac{1}{r}}{\partial z'_2}\delta'\mathcal{C}'_2\right)dv'_2\Bigg]dv_2 \\
& \qquad-h\,\delta x\,\mathbf{S}\left(\frac{\partial\mathcal{V}_2}{\partial x_2}\delta\mathcal{A}_2+\frac{\partial\mathcal{V}_2}{\partial y_2}\delta\mathcal{B}_2+\frac{\partial\mathcal{V}_2}{\partial z_2}\delta\mathcal{C}_2\right)\cos(\mathrm{N}_2,x)\,d\sigma \\
& \qquad-h\,\delta y\,\mathbf{S}\left(\frac{\partial\mathcal{V}_2}{\partial x_2}\delta\mathcal{A}_2+\frac{\partial\mathcal{V}_2}{\partial y_2}\delta\mathcal{B}_2+\frac{\partial\mathcal{V}_2}{\partial z_2}\delta\mathcal{C}_2\right)\cos(\mathrm{N}_2,y)\,d\sigma \\
& \qquad-h\,\delta z\,\mathbf{S}\left(\frac{\partial\mathcal{V}_2}{\partial x_2}\delta\mathcal{A}_2+\frac{\partial\mathcal{V}_2}{\partial y_2}\delta\mathcal{B}_2+\frac{\partial\mathcal{V}_2}{\partial z_2}\delta\mathcal{C}_2\right)\cos(\mathrm{N}_2,z)\,d\sigma.
\end{aligned}
$$

4° *Variation du terme*

$$h\int\left(\frac{\partial \mathcal{V}_3}{\partial x_2}\delta\mathcal{A}_2+\frac{\partial \mathcal{V}_3}{\partial y_2}\delta\mathcal{B}_2+\frac{\partial \mathcal{V}_3}{\partial z_2}\delta\mathcal{C}_2\right)dv_2.$$

Si l'on remarque que

$$\mathcal{V}_3=\int\left(\mathcal{A}_3\frac{\partial\frac{1}{r}}{\partial x_3}+\mathcal{B}_3\frac{\partial\frac{1}{r}}{\partial y_3}+\mathcal{C}_3\frac{\partial\frac{1}{r}}{\partial z_3}\right)dv_3,$$

on verra sans peine que la variation du terme précédent a pour valeur

$$
\begin{aligned}
(5)\qquad &-h\,\delta x\int\left(\frac{\partial^2 \mathcal{V}_3}{\partial x_2^2}\delta\mathcal{A}_2+\frac{\partial^2 \mathcal{V}_3}{\partial x_2\partial y_2}\delta\mathcal{B}_2+\frac{\partial^2 \mathcal{V}_3}{\partial x_2\partial z_2}\delta\mathcal{C}_2\right)dv_2\\
&-h\,\delta y\int\left(\frac{\partial^2 \mathcal{V}_3}{\partial y_2\partial x_2}\delta\mathcal{A}_2+\frac{\partial^2 \mathcal{V}_3}{\partial y_2^2}\delta\mathcal{B}_2+\frac{\partial^2 \mathcal{V}_3}{\partial y_2\partial z_2}\delta\mathcal{C}_2\right)dv_2\\
&-h\,\delta z\int\left(\frac{\partial^2 \mathcal{V}_3}{\partial z_2\partial x_2}\delta\mathcal{A}_2+\frac{\partial^2 \mathcal{V}_3}{\partial z_2\partial y_2}\delta\mathcal{B}_2+\frac{\partial^2 \mathcal{V}_3}{\partial z_2^2}\delta\mathcal{C}_2\right)dv_2\\
&-h\,\delta x\,\mathbf{S}\left(\frac{\partial \mathcal{V}_3}{\partial x_2}\delta\mathcal{A}_2+\frac{\partial \mathcal{V}_3}{\partial y_2}\delta\mathcal{B}_2+\frac{\partial \mathcal{V}_3}{\partial z_2}\delta\mathcal{C}_2\right)\cos(N_2,x)\,d\sigma\\
&-h\,\delta y\,\mathbf{S}\left(\frac{\partial \mathcal{V}_3}{\partial x_2}\delta\mathcal{A}_2+\frac{\partial \mathcal{V}_3}{\partial y_2}\delta\mathcal{B}_2+\frac{\partial \mathcal{V}_3}{\partial z_2}\delta\mathcal{C}_2\right)\cos(N_2,y)\,d\sigma\\
&-h\,\delta z\,\mathbf{S}\left(\frac{\partial \mathcal{V}_3}{\partial x_2}\delta\mathcal{A}_2+\frac{\partial \mathcal{V}_3}{\partial y_2}\delta\mathcal{B}_2+\frac{\partial \mathcal{V}_3}{\partial z_2}\delta\mathcal{C}_2\right)\cos(N_2,z)\,d\sigma.
\end{aligned}
$$

En réunissant les expressions (2), (3), (4), (5) et égalant leur somme à o, on obtient l'égalité que nous cherchions

$$
\begin{aligned}
(6)\qquad &\left.\begin{aligned}&-h\delta x\,\mathbf{S}\left[\frac{\partial(\mathcal{V}_1+\mathcal{V}_2+\mathcal{V}_3)}{\partial x_2}\delta\mathcal{A}_2+\frac{\partial(\mathcal{V}_1+\mathcal{V}_2+\mathcal{V}_3)}{\partial y_2}\delta\mathcal{B}_2\right.\\&\qquad\left.+\frac{\partial(\mathcal{V}_1+\mathcal{V}_2+\mathcal{V}_3)}{\partial z_2}\delta\mathcal{C}_2\right]\cos(N_2,x)d\sigma\end{aligned}\right\}\quad(1)\\
&\left.\begin{aligned}&-h\delta y\,\mathbf{S}\left[\frac{\partial(\mathcal{V}_1+\mathcal{V}_2+\mathcal{V}_3)}{\partial x_2}\delta\mathcal{A}_2+\frac{\partial(\mathcal{V}_1+\mathcal{V}_2+\mathcal{V}_3)}{\partial y_2}\delta\mathcal{B}_2\right.\\&\qquad\left.+\frac{\partial(\mathcal{V}_1+\mathcal{V}_2+\mathcal{V}_3)}{\partial z_2}\delta\mathcal{C}_2\right]\cos(N_2,y)d\sigma\end{aligned}\right\}\quad(2)\\
&\left.\begin{aligned}&-h\delta z\,\mathbf{S}\left[\frac{\partial(\mathcal{V}_1+\mathcal{V}_2+\mathcal{V}_3)}{\partial x_2}\delta\mathcal{A}_2+\frac{\partial(\mathcal{V}_1+\mathcal{V}_2+\mathcal{V}_3)}{\partial y_2}\delta\mathcal{B}_2\right.\\&\qquad\left.+\frac{\partial(\mathcal{V}_1+\mathcal{V}_2+\mathcal{V}_3)}{\partial z_2}\delta\mathcal{C}_2\right]\cos(N_2,z)d\sigma\end{aligned}\right\}\quad(3)
\end{aligned}
$$

(6) (suite)

$$-\delta x \, \mathrm{S} \frac{1}{\mathfrak{M}_2} \frac{d\mathcal{F}_2(\mathfrak{M}_2)}{d\mathfrak{M}_2} (\mathcal{A}_2 \,\delta\mathcal{A}_2 + \mathcal{B}_2 \,\delta\mathcal{B}_2 + \mathcal{C}_2 \,\delta\mathcal{C}_2) \cos(\mathrm{N}_2, x)\, d\sigma \qquad (4)$$

$$-\delta y \, \mathrm{S} \frac{1}{\mathfrak{M}_2} \frac{d\mathcal{F}_2(\mathfrak{M}_2)}{d\mathfrak{M}_2} (\mathcal{A}_2 \,\delta\mathcal{A}_2 + \mathcal{B}_2 \,\delta\mathcal{B}_2 + \mathcal{C}_2 \,\delta\mathcal{C}_2) \cos(\mathrm{N}_2, y)\, d\sigma \qquad (5)$$

$$-\delta z \, \mathrm{S} \frac{1}{\mathfrak{M}_2} \frac{d\mathcal{F}_2(\mathfrak{M}_2)}{d\mathfrak{M}_2} (\mathcal{A}_2 \,\delta\mathcal{A}_2 + \mathcal{B}_2 \,\delta\mathcal{B}_2 + \mathcal{C}_2 \,\delta\mathcal{C}_2) \cos(\mathrm{N}_2, z)\, d\sigma \qquad (6)$$

$$-h\,\delta x \int \left(\frac{\partial^2 \mathcal{V}_3}{\partial x_2^2}\, \delta\mathcal{A}_2 + \frac{\partial^2 \mathcal{V}_3}{\partial x_2 \partial y_2}\, \delta\mathcal{B}_2 + \frac{\partial^2 \mathcal{V}_3}{\partial x_2 \partial z_2}\, \delta\mathcal{C}_2 \right) dv_2 \qquad (7)$$

$$-h\,\delta y \int \left(\frac{\partial^2 \mathcal{V}_3}{\partial y_2 \partial x_2}\, \delta\mathcal{A}_2 + \frac{\partial^2 \mathcal{V}_3}{\partial y_2^2}\, \delta\mathcal{B}_2 + \frac{\partial^2 \mathcal{V}_3}{\partial y_2 \partial z_2}\, \delta\mathcal{C}_2 \right) dv_2 \qquad (8)$$

$$-h\,\delta z \int \left(\frac{\partial^2 \mathcal{V}_3}{\partial z_2 \partial x_2}\, \delta\mathcal{A}_2 + \frac{\partial^2 \mathcal{V}_3}{\partial z_2 \partial y_2}\, \delta\mathcal{B}_2 + \frac{\partial^2 \mathcal{V}_3}{\partial z_2^2}\, \delta\mathcal{C}_2 \right) dv_2 \qquad (9)$$

$$+\int \frac{1}{\mathfrak{M}_2} \frac{d\mathcal{F}_2(\mathfrak{M}_2)}{d\mathfrak{M}_2} (\delta\mathcal{A}_2\, \delta'\mathcal{A}_2 + \delta\mathcal{B}_2\, \delta'\mathcal{B}_2 + \delta\mathcal{C}_2\, \delta'\mathcal{C}_2)\, dv_2 \qquad (10)$$

$$\left.\begin{aligned} +\int \frac{1}{\mathfrak{M}_2} \frac{d}{d\mathfrak{M}_2} \left[\frac{1}{\mathfrak{M}_2} \frac{d\mathcal{F}(\mathfrak{M}_2)}{d\mathfrak{M}_2} \right] (\mathcal{A}_2\, \delta\mathcal{A}_2 + \mathcal{B}_2\, \delta\mathcal{B}_2 + \mathcal{C}_2\, \delta\mathcal{C}_2)\, dv_2 \\ (\mathcal{A}_2\, \delta'\mathcal{A}_2 + \mathcal{B}_2\, \delta'\mathcal{B}_2 + \mathcal{C}_2\, \delta'\mathcal{C}_2)\, dv_2 \end{aligned}\right\} \qquad (11)$$

$$+h \int \Bigg[\quad \delta\mathcal{A}_2 \frac{\partial}{\partial x_2} \int \left(\frac{\partial \frac{1}{r}}{\partial x_2'}\, \delta'\mathcal{A}_2' + \frac{\partial \frac{1}{r}}{\partial y_2'}\, \delta'\mathcal{B}_2' + \frac{\partial \frac{1}{r}}{\partial z_2'}\, \delta'\mathcal{C}_2' \right) dv_2' \qquad (12)$$

$$+ \delta\mathcal{B}_2 \frac{\partial}{\partial y_2} \int \left(\frac{\partial \frac{1}{r}}{\partial x_2'}\, \delta'\mathcal{A}_2' + \frac{\partial \frac{1}{r}}{\partial y_2'}\, \delta'\mathcal{B}_2' + \frac{\partial \frac{1}{r}}{\partial z_2'}\, \delta'\mathcal{C}_2' \right) dv_2' \qquad (13)$$

$$+ \delta\mathcal{C}_2 \frac{\partial}{\partial z_2} \int \left(\frac{\partial \frac{1}{r}}{\partial x_2'}\, \delta'\mathcal{A}_2' + \frac{\partial \frac{1}{r}}{\partial y_2'}\, \delta'\mathcal{B}_2' + \frac{\partial \frac{1}{r}}{\partial z_2'}\, \delta'\mathcal{C}_2' \right) dv_2' \Bigg] dv_2 = 0. \qquad (14)$$

Cette égalité doit avoir lieu quels que soient les $\delta\mathcal{A}_2$, $\delta\mathcal{B}_2$, $\delta\mathcal{C}_2$. Elle fournit donc des relations entre les $\delta'\mathcal{A}_2$, $\delta'\mathcal{B}_2$, $\delta'\mathcal{C}_2$ et δx, δy, δz. Il nous est inutile d'écrire ces relations. Nous aurons seulement à employer l'équation sous la forme même que nous venons de lui donner.

Nous allons maintenant supposer que l'on donne au corps 3 une translation δx, δy, δz, en maintenant son magnétisme invariable, mais en laissant varier le magnétisme du milieu.

Nous allons prendre d'abord la variation $\delta\mathcal{F}$ que subit, dans ces circonstances, le potentiel thermodynamique interne.

Nous aurons

$$
\begin{aligned}
(7)\quad \delta\mathcal{F} = h\int\Bigg[& \frac{\partial(\mathcal{V}_1+\mathcal{V}_2+\mathcal{V}_3)}{\partial x_2}\,\delta'\mathcal{A}_2 + \frac{\partial(\mathcal{V}_1+\mathcal{V}_2+\mathcal{V}_3)}{\partial y_2}\,\delta'\mathcal{B}_2 \\
& + \frac{\partial(\mathcal{V}_1+\mathcal{V}_2+\mathcal{V}_3)}{\partial z_2}\,\delta'\mathcal{C}_2\Bigg]\,dv_2 \qquad (1)\\
- h\,\delta x \mathop{\mathbf{S}}\Bigg[& \frac{\partial(\mathcal{V}_1+\mathcal{V}_2+\mathcal{V}_3)}{\partial x_2}\,\mathcal{A}_2 + \frac{\partial(\mathcal{V}_1+\mathcal{V}_2+\mathcal{V}_3)}{\partial y_2}\,\mathcal{B}_2 \\
& + \frac{\partial(\mathcal{V}_1+\mathcal{V}_2+\mathcal{V}_3)}{\partial z_2}\,\mathcal{C}_2\Bigg]\cos(\mathrm{N}_2, x)\,d\sigma \qquad (2)\\
- h\,\delta y \mathop{\mathbf{S}}\Bigg[& \frac{\partial(\mathcal{V}_1+\mathcal{V}_2+\mathcal{V}_3)}{\partial x_2}\,\mathcal{A}_2 + \frac{\partial(\mathcal{V}_1+\mathcal{V}_2+\mathcal{V}_3)}{\partial y_2}\,\mathcal{B}_2 \\
& + \frac{\partial(\mathcal{V}_1+\mathcal{V}_2+\mathcal{V}_3)}{\partial z_2}\,\mathcal{C}_2\Bigg]\cos(\mathrm{N}_2, y)\,d\sigma \qquad (3)\\
- h\,\delta z \mathop{\mathbf{S}}\Bigg[& \frac{\partial(\mathcal{V}_1+\mathcal{V}_2+\mathcal{V}_3)}{\partial x_2}\,\mathcal{A}_2 + \frac{\partial(\mathcal{V}_1+\mathcal{V}_2+\mathcal{V}_3)}{\partial y_2}\,\mathcal{B}_2 \\
& + \frac{\partial(\mathcal{V}_1+\mathcal{V}_2+\mathcal{V}_3)}{\partial z_2}\,\mathcal{C}_2\Bigg]\cos(\mathrm{N}_2, z)\,d\sigma \qquad (4)\\
+ h\,\delta x \int\Bigg[& \frac{\partial^2(\mathcal{V}_1+\mathcal{V}_2)}{\partial x_3^2}\,\mathcal{A}_3 + \frac{\partial^2(\mathcal{V}_1+\mathcal{V}_2)}{\partial x_3\,\partial y_3}\,\mathcal{B}_3 + \frac{\partial^2(\mathcal{V}_1+\mathcal{V}_2)}{\partial x_3\,\partial z_3}\,\mathcal{C}_3\Bigg]\,dv_3 \qquad (5)\\
+ h\,\delta y \int\Bigg[& \frac{\partial^2(\mathcal{V}_1+\mathcal{V}_2)}{\partial y_3\,\partial x_3}\,\mathcal{A}_3 + \frac{\partial^2(\mathcal{V}_1+\mathcal{V}_2)}{\partial y_3^2}\,\mathcal{B}_3 + \frac{\partial^2(\mathcal{V}_1+\mathcal{V}_2)}{\partial y_3\,\partial z_3}\,\mathcal{C}_3\Bigg]\,dv_3 \qquad (6)\\
+ h\,\delta z \int\Bigg[& \frac{\partial^2(\mathcal{V}_1+\mathcal{V}_2)}{\partial z_3\,\partial x_3}\,\mathcal{A}_3 + \frac{\partial^2(\mathcal{V}_1+\mathcal{V}_2)}{\partial z_3\,\partial y_3}\,\mathcal{B}_3 + \frac{\partial^2(\mathcal{V}_1+\mathcal{V}_2)}{\partial z_3^2}\,\mathcal{C}_3\Bigg]\,dv_3 \qquad (7)\\
+ \int & \frac{d\,\mathcal{F}_2(\mathcal{M}_2)}{d\mathcal{M}_2}\,\frac{1}{\mathcal{M}_2}\,[\mathcal{A}_2\,\delta'\mathcal{A}_2 + \mathcal{B}_2\,\delta'\mathcal{B}_2 + \mathcal{C}_2\,\delta'\mathcal{C}_2]\,dv_2 \qquad (8)\\
- h\,\delta x & \mathop{\mathbf{S}} \mathcal{F}_2(\mathcal{M}_2)\cos(\mathrm{N}_2, x)\,d\sigma \qquad (9)\\
- h\,\delta y & \mathop{\mathbf{S}} \mathcal{F}_2(\mathcal{M}_2)\cos(\mathrm{N}_2, y)\,d\sigma \qquad (10)\\
- h\,\delta z & \mathop{\mathbf{S}} \mathcal{F}_2(\mathcal{M}_2)\cos(\mathrm{N}_2, z)\,d\sigma \qquad (11)
\end{aligned}
$$

Nous allons maintenant chercher la variation de cette quantité, c'est-à-dire la variation seconde de $\mathcal{F}$.

1° *Variation du terme* (1). — Cette variation a pour valeur

$$(8)\qquad h\int\left[\frac{\partial(\mathfrak{V}_1+\mathfrak{V}_2+\mathfrak{V}_3)}{\partial x_2}\,\delta'^2\mathcal{A}_2+\frac{\partial(\mathfrak{V}_1+\mathfrak{V}_2+\mathfrak{V}_3)}{\partial y_2}\,\delta'^2\mathcal{B}_2\right.$$
$$\left.+\frac{\partial(\mathfrak{V}_1+\mathfrak{V}_2+\mathfrak{V}_3)}{\partial z_2}\,\delta'^2\mathcal{C}_2\right]dv_2$$
$$+h\int\left[\;\delta'\mathcal{A}_2\frac{\partial}{\partial x_2}\int\left(\delta'\mathcal{A}'_2\frac{\partial\frac{1}{r}}{\partial x'_2}+\delta'\mathcal{B}'_2\frac{\partial\frac{1}{r}}{\partial y'_2}+\delta'\mathcal{C}'_2\frac{\partial\frac{1}{r}}{\partial z'_2}\right)dv'_2\right.$$
$$+\delta'\mathcal{B}_2\frac{\partial}{\partial y_2}\int\left(\delta'\mathcal{B}'_2\frac{\partial\frac{1}{r}}{\partial x'_2}+\delta'\mathcal{B}'_2\frac{\partial\frac{1}{r}}{\partial y'_2}+\delta'\mathcal{C}'_2\frac{\partial\frac{1}{r}}{\partial z'_2}\right)dv'_2$$
$$\left.+\delta'\mathcal{C}_2\frac{\partial}{\partial z_2}\int\left(\delta'\mathcal{A}'_2\frac{\partial\frac{1}{r}}{\partial x'_2}+\delta'\mathcal{B}'_2\frac{\partial\frac{1}{r}}{\partial y'_2}+\delta'\mathcal{C}'_2\frac{\partial\frac{1}{r}}{\partial z'_2}\right)dv'_2\right]dv_2$$
$$-h\,\mathbf{S}\left[\frac{\partial(\mathfrak{V}_1+\mathfrak{V}_2+\mathfrak{V}_3)}{\partial x_2}\,\delta'\mathcal{A}_2+\frac{\partial(\mathfrak{V}_1+\mathfrak{V}_2+\mathfrak{V}_3)}{\partial y_2}\,\delta'\mathcal{B}_2\right.$$
$$\left.+\frac{\partial(\mathfrak{V}_1+\mathfrak{V}_2+\mathfrak{V}_3)}{\partial z_2}\,\delta'\mathcal{C}_2\right]$$
$$\times[\cos(N_2,x)\,\delta x+\cos(N_2,y)\,\delta y+\cos(N_2,z)\,\delta z]\,d\sigma$$
$$-h\,\mathbf{S}\left(\frac{\partial\mathfrak{V}_2}{\partial x_2}\,\delta'\mathcal{A}_2+\frac{\partial\mathfrak{V}_2}{\partial y_2}\,\delta'\mathcal{B}_2+\frac{\partial\mathfrak{V}_2}{\partial z_2}\,\delta'\mathcal{C}_2\right)$$
$$\times[\cos(N_2,x)\,\delta x+\cos(N_2,y)\,\delta y+\cos(N_2,z)\,\delta z]\,d\sigma$$
$$-h\,\delta x\int\left(\frac{\partial^2\mathfrak{V}_3}{\partial x_2^2}\,\delta'\mathcal{A}_2+\frac{\partial^2\mathfrak{V}_3}{\partial x_2\,\partial y_2}\,\delta'\mathcal{B}_2+\frac{\partial^2\mathfrak{V}_3}{\partial x_2\,\partial z_2}\,\delta'\mathcal{C}_2\right)dv_2$$
$$-h\,\delta y\int\left(\frac{\partial^2\mathfrak{V}_3}{\partial y_2\,\partial x_2}\,\delta'\mathcal{A}_2+\frac{\partial^2\mathfrak{V}_3}{\partial y_2^2}\,\delta'\mathcal{B}_2+\frac{\partial^2\mathfrak{V}_3}{\partial y_2\,\partial z_2}\,\delta'\mathcal{C}_2\right)dv_2$$
$$-h\,\delta z\int\left(\frac{\partial^2\mathfrak{V}_3}{\partial z_2\,\partial x_2}\,\delta'\mathcal{A}_2+\frac{\partial^2\mathfrak{V}_3}{\partial z_2\,\partial y_2}\,\delta'\mathcal{B}_2+\frac{\partial^2\mathfrak{V}_3}{\partial z_2^2}\,\delta'\mathcal{C}_2\right)dv_2.$$

2° *Variation de l'ensemble des termes* (2), (3), (4). — Cette variation a pour valeur

$$(9)\qquad -h\,\mathbf{S}\left[\frac{\partial(\mathfrak{V}_1+\mathfrak{V}_2+\mathfrak{V}_3)}{\partial x_2}\,\delta'\mathcal{A}_2+\frac{\partial(\mathfrak{V}_1+\mathfrak{V}_2+\mathfrak{V}_3)}{\partial y_2}\,\delta'\mathcal{B}_2\right.$$
$$\left.+\frac{\partial(\mathfrak{V}_1+\mathfrak{V}_2+\mathfrak{V}_3)}{\partial z_2}\,\delta'\mathcal{C}_2\right]$$
$$\times[\cos(N_2,x)\,\delta x+\cos(N_2,y)\,\delta y+\cos(N_2,z)\,\delta z]\,d\sigma.$$

(9) (suite)

$$
\begin{aligned}
& -h\,\mathrm{S}\Big\{\frac{\partial(\mathcal{V}_1+\mathcal{V}_2+\mathcal{V}_3)}{\partial x_2}\left[\frac{\partial\mathcal{A}_2}{\partial x}\,\delta x+\frac{\partial\mathcal{A}_2}{\partial y}\,\delta y+\frac{\partial\mathcal{A}_2}{\partial z}\,\delta z\right]\\
&\qquad+\frac{\partial(\mathcal{V}_1+\mathcal{V}_2+\mathcal{V}_3)}{\partial y_2}\left[\frac{\partial\mathcal{B}_2}{\partial x}\,\delta x+\frac{\partial\mathcal{B}_2}{\partial y}\,\delta y+\frac{\partial\mathcal{B}_2}{\partial z}\,\delta z\right]\\
&\qquad+\frac{\partial(\mathcal{V}_1+\mathcal{V}_2+\mathcal{V}_3)}{\partial z_2}\left[\frac{\partial\mathcal{C}_2}{\partial x}\,\delta x+\frac{\partial\mathcal{C}_2}{\partial y}\,\delta y+\frac{\partial\mathcal{C}_2}{\partial z}\,\delta z\right]\Big\}\\
&\qquad\times[\cos(\mathrm{N}_2,x)\,\delta x+\cos(\mathrm{N}_2,y)\,\delta y+\cos(\mathrm{N}_2,z)\,\delta z]\,d\sigma,\\
& -h\,\mathrm{S}\Big[\left(\frac{\partial^2\mathcal{V}_1}{\partial x_2^2}\,\mathcal{A}_2+\frac{\partial^2\mathcal{V}_1}{\partial x_2\,\partial y_2}\,\mathcal{B}_2+\frac{\partial^2\mathcal{V}_1}{\partial x_2\,\partial z_2}\,\mathcal{C}_2\right)\delta x\\
&\qquad+\left(\frac{\partial^2\mathcal{V}_1}{\partial y_2\,\partial x_2}\,\mathcal{A}_2+\frac{\partial^2\mathcal{V}_1}{\partial y_2^2}\,\mathcal{B}_2+\frac{\partial^2\mathcal{V}_1}{\partial y_2\,\partial z_2}\,\mathcal{C}_2\right)\delta y\\
&\qquad+\left(\frac{\partial^2\mathcal{V}_1}{\partial z_2\,\partial x_2}\,\mathcal{A}_2+\frac{\partial^2\mathcal{V}_1}{\partial z_2\,\partial y_2}\,\mathcal{B}_2+\frac{\partial^2\mathcal{V}_1}{\partial z_2^2}\,\mathcal{C}_2\right)\delta z\Big]\\
&\qquad\times[\cos(\mathrm{N}_2,x)\,\delta x+\cos(\mathrm{N}_2,y)\,\delta y+\cos(\mathrm{N}_2,z)\,\delta z]\,d\sigma,\\
& -h\,\mathrm{S}\Big[\mathcal{A}_2\frac{\partial}{\partial x_2}\int\left(\frac{\partial\frac{1}{r}}{\partial x'_2}\,\delta'\mathcal{A}'_2+\frac{\partial\frac{1}{r}}{\partial y'_2}\,\delta'\mathcal{B}'_2+\frac{\partial\frac{1}{r}}{\partial z'_2}\,\delta'\mathcal{C}'_2\right)dv'_2\\
&\qquad+\mathcal{B}_2\frac{\partial}{\partial y_2}\int\left(\frac{\partial\frac{1}{r}}{\partial x'_2}\,\delta'\mathcal{A}'_2+\frac{\partial\frac{1}{r}}{\partial y'_2}\,\delta'\mathcal{B}'_2+\frac{\partial\frac{1}{r}}{\partial z'_2}\,\delta'\mathcal{C}'_2\right)dv'_2\\
&\qquad+\mathcal{C}_2\frac{\partial}{\partial z_2}\int\left(\frac{\partial\frac{1}{r}}{\partial x'_2}\,\delta'\mathcal{A}'_2+\frac{\partial\frac{1}{r}}{\partial y'_2}\,\delta'\mathcal{B}'_2+\frac{\partial\frac{1}{r}}{\partial z'_2}\,\delta'\mathcal{C}'_2\right)dv'_2\Big]\\
&\qquad\times[\cos(\mathrm{N}_2,x)\,\delta x+\cos(\mathrm{N}_2,y)\,\delta y+\cos(\mathrm{N}_2,z)\,\delta z]\,d\sigma,\\
& +h\,\mathrm{S}\Big\{\mathcal{A}_2\frac{\partial}{\partial x_2}\mathrm{S}\left(\frac{\partial\frac{1}{r}}{\partial x'_2}\,\mathcal{A}'_2+\frac{\partial\frac{1}{r}}{\partial y'_2}\,\mathcal{B}'_2+\frac{\partial\frac{1}{r}}{\partial z'_2}\,\mathcal{C}'_2\right)\\
&\qquad\times[\cos(\mathrm{N}'_2,x)\,\delta x+\cos(\mathrm{N}'_2,y)\,\delta y+\cos(\mathrm{N}'_2,z)\,\delta z]\,d\sigma'\\
&\qquad+\mathcal{B}_2\frac{\partial}{\partial y_2}\mathrm{S}\left(\frac{\partial\frac{1}{r}}{\partial x'_2}\,\mathcal{A}'_2+\frac{\partial\frac{1}{r}}{\partial y'_2}\,\mathcal{B}'_2+\frac{\partial\frac{1}{r}}{\partial z'_2}\,\mathcal{C}'_2\right)\\
&\qquad\times[\cos(\mathrm{N}'_2,x)\,\delta x+\cos(\mathrm{N}'_2,y)\,\delta y+\cos(\mathrm{N}'_2,z)\,\delta z]\,d\sigma'\\
&\qquad+\mathcal{C}_2\frac{\partial}{\partial z_2}\mathrm{S}\left(\frac{\partial\frac{1}{r}}{\partial x'_2}\,\mathcal{A}'_2+\frac{\partial\frac{1}{r}}{\partial y'_2}\,\mathcal{B}'_2+\frac{\partial\frac{1}{r}}{\partial z'_2}\,\mathcal{C}'_2\right)\\
&\qquad\times[\cos(\mathrm{N}'_2,x)\,\delta x+\cos(\mathrm{N}'_2,y)\,\delta y+\cos(\mathrm{N}'_2,z)\,\delta z]\,d\sigma'\Big\}\\
&\qquad\times[\cos(\mathrm{N}_2,x)\,\delta x+\cos(\mathrm{N}_2,y)\,\delta y+\cos(\mathrm{N}_2,z)\,\delta z]\,d\sigma.
\end{aligned}
$$

3° *Variations des termes* (5), (6) *et* (7). — La variation du terme (5) a pour valeur

$$h\,\delta x^2 \int\left[\mathcal{A}_3 \frac{\partial^3(\mathcal{V}_1+\mathcal{V}_2)}{\partial x_3^3} + \mathcal{B}_3 \frac{\partial^3(\mathcal{V}_1+\mathcal{V}_2)}{\partial x_3^2\,\partial y_3} + \mathcal{C}_3 \frac{\partial^3(\mathcal{V}_1+\mathcal{V}_2)}{\partial x_3^2\,\partial z_3}\right] dv_3$$

$$+ h\,\delta y\,\delta x \int\left[\mathcal{A}_3 \frac{\partial^3(\mathcal{V}_1+\mathcal{V}_2)}{\partial y_3\,\partial x_3^2} + \mathcal{B}_3 \frac{\partial^3(\mathcal{V}_1+\mathcal{V}_2)}{\partial y_3^2\,\partial x_3} + \mathcal{C}_3 \frac{\partial^3(\mathcal{V}_1+\mathcal{V}_2)}{\partial y_3\,\partial x_3\,\partial z_3}\right] dv_3$$

$$+ h\,\delta z\,\delta x \int\left[\mathcal{A}_3 \frac{\partial^3(\mathcal{V}_1+\mathcal{V}_2)}{\partial z_3\,\partial x_3^2} + \mathcal{B}_3 \frac{\partial^3(\mathcal{V}_1+\mathcal{V}_2)}{\partial z_3\,\partial x_3\,\partial y_3} + \mathcal{C}_0 \frac{\partial^3(\mathcal{V}_1+\mathcal{V}_3)}{\partial z_3^2\,\partial x_3}\right] dv_3$$

$$+ h\,\delta x \int\left[\mathcal{A}_3 \frac{\partial^2}{\partial x_3^2} \int\left(\frac{\partial \frac{1}{r}}{\partial x_2}\delta'\mathcal{A}_2 + \frac{\partial \frac{1}{r}}{\partial y_2}\delta'\mathcal{B}_2 + \frac{\partial \frac{1}{r}}{\partial z_2}\delta'\mathcal{C}_2\right) dv_2\right.$$

$$+ \mathcal{B}_3 \frac{\partial^2}{\partial x_3\,\partial y_3} \int\left(\frac{\partial \frac{1}{r}}{\partial x_2}\delta'\mathcal{A}_2 + \frac{\partial \frac{1}{r}}{\partial y_2}\delta'\mathcal{B}_2 + \frac{\partial \frac{1}{r}}{\partial z_2}\delta'\mathcal{C}_2\right) dv_2$$

$$\left.+ \mathcal{C}_3 \frac{\partial^2}{\partial x_3\,\partial z_3} \int\left(\frac{\partial \frac{1}{r}}{\partial x_2}\delta'\mathcal{A}_2 + \frac{\partial \frac{1}{r}}{\partial y_2}\delta'\mathcal{B}_2 + \frac{\partial \frac{1}{r}}{\partial z_2}\delta'\mathcal{C}_2\right) dv_2\right] dv_3$$

$$- h\,\delta x \int\left\{\mathcal{A}_3 \frac{\partial^2}{\partial x_3^2}\, \mathrm{S}\left(\mathcal{A}_2 \frac{\partial \frac{1}{r}}{\partial x_2} + \mathcal{B}_2 \frac{\partial \frac{1}{r}}{\partial y_2} + \mathcal{C}_2 \frac{\partial \frac{1}{r}}{\partial z_2}\right)\right.$$

$$\times [\cos(\mathrm{N}_2, x)\,\delta x + \cos(\mathrm{N}_2, y)\,\delta y + \cos(\mathrm{N}_2, z)\,\delta z]\, d\sigma$$

$$+ \mathcal{B}_3 \frac{\partial^2}{\partial x_3\,\partial y_3}\, \mathrm{S}\left(\mathcal{A}_2 \frac{\partial \frac{1}{r}}{\partial x_2} + \mathcal{B}_2 \frac{\partial \frac{1}{r}}{\partial y_2} + \mathcal{C}_2 \frac{\partial \frac{1}{r}}{\partial z_2}\right)$$

$$\times [\cos(\mathrm{N}_2, x)\,\delta x + \cos(\mathrm{N}_2, y)\,\delta y + \cos(\mathrm{N}_2, z)\,\delta z]\, d\sigma$$

$$+ \mathcal{C}_3 \frac{\partial^2}{\partial x_3\,\partial z_3}\, \mathrm{S}\left(\mathcal{A}_2 \frac{\partial \frac{1}{r}}{\partial x_2} + \mathcal{B}_2 \frac{\partial \frac{1}{r}}{\partial y_2} + \mathcal{C}_2 \frac{\partial \frac{1}{r}}{\partial z_2}\right)$$

$$\left.\times [\cos(\mathrm{N}_2, x)\,\delta x + \cos(\mathrm{N}_2, y)\,\delta y + \cos(\mathrm{N}_2, z)\,\delta z]\, d\sigma\right\} dv_3.$$

Mais, on a

$$\begin{aligned}
\iint \Bigg\{ & \mathcal{A}_3 \frac{\partial^2}{\partial x_3^2} \mathrm{S}\left(\mathcal{A}_2 \frac{\partial \frac{1}{r}}{\partial x_2} + \mathcal{B}_2 \frac{\partial \frac{1}{r}}{\partial y_2} + \mathcal{C}_2 \frac{\partial \frac{1}{r}}{\partial z_2}\right) \\
& \quad \times [\cos(\mathrm{N}_2, x)\,\delta x + \cos(\mathrm{N}_2, y)\,\delta y + \cos(\mathrm{N}_2, z)\,\delta z] \\
& + \mathcal{B}_3 \frac{\partial^2}{\partial x_3\,\partial y_3} \mathrm{S}\left(\mathcal{A}_2 \frac{\partial \frac{1}{r}}{\partial x_2} + \mathcal{B}_2 \frac{\partial \frac{1}{r}}{\partial y_2} + \mathcal{C}_2 \frac{\partial \frac{1}{r}}{\partial z_2}\right) \\
& \quad \times [\cos(\mathrm{N}_2, x)\,\delta x + \cos(\mathrm{N}_2, y)\,\delta y + \cos(\mathrm{N}_2, z)\,\delta z] \\
& + \mathcal{C}_3 \frac{\partial^2}{\partial x_3\,\partial z_3} \mathrm{S}\left(\mathcal{A}_2 \frac{\partial \frac{1}{r}}{\partial x_2} + \mathcal{B}_2 \frac{\partial \frac{1}{r}}{\partial y_2} + \mathcal{C}_2 \frac{\partial \frac{1}{r}}{\partial z_2}\right) \\
& \quad \times [\cos(\mathrm{N}_2, x)\,\delta x + \cos(\mathrm{N}_2, y)\,\delta y + \cos(\mathrm{N}_2, z)\,\delta z] \Bigg\}\, dv_3 \\
= -\mathrm{S}\Bigg[& \mathcal{A}_2 \frac{\partial}{\partial x_2} \iint \left(\mathcal{A}_3 \frac{\partial^2 \frac{1}{r}}{\partial x_2\,\partial x_3} + \mathcal{B}_3 \frac{\partial^2 \frac{1}{r}}{\partial x_2\,\partial y_3} + \mathcal{C}_3 \frac{\partial^2 \frac{1}{r}}{\partial x_2\,\partial z_3}\right) dv_3 \\
& + \mathcal{B}_2 \frac{\partial}{\partial y_2} \iint \left(\mathcal{A}_3 \frac{\partial^2 \frac{1}{r}}{\partial x_2\,\partial x_3} + \mathcal{B}_3 \frac{\partial^2 \frac{1}{r}}{\partial x_2\,\partial y_3} + \mathcal{C}_3 \frac{\partial^2 \frac{1}{r}}{\partial x_2\,\partial z_3}\right) dv_3 \\
& + \mathcal{C}_2 \frac{\partial}{\partial z_2} \iint \left(\mathcal{A}_3 \frac{\partial^2 \frac{1}{r}}{\partial x_2\,\partial x_3} + \mathcal{B}_3 \frac{\partial^2 \frac{1}{r}}{\partial x_2\,\partial y_3} + \mathcal{C}_3 \frac{\partial^2 \frac{1}{r}}{\partial x_2\,\partial z_3}\right) dv_3 \Bigg] \\
& \quad \times [\cos(\mathrm{N}_2, x)\,\delta x + \cos(\mathrm{N}_2, y)\,\delta y + \cos(\mathrm{N}_2, z)\,\delta z]\, d\sigma \\
= -\mathrm{S}\Bigg[& \mathcal{A}_2 \frac{\partial^2}{\partial x_2^2} \iint \left(\mathcal{A}_3 \frac{\partial \frac{1}{r}}{\partial x_3} + \mathcal{B}_3 \frac{\partial \frac{1}{r}}{\partial y_3} + \mathcal{C}_3 \frac{\partial \frac{1}{r}}{\partial z_3}\right) dv_3 \\
& + \mathcal{B}_2 \frac{\partial^2}{\partial y_2\,\partial x_2} \iint \left(\mathcal{A}_3 \frac{\partial \frac{1}{r}}{\partial x_3} + \mathcal{B}_3 \frac{\partial \frac{1}{r}}{\partial y_3} + \mathcal{C}_3 \frac{\partial \frac{1}{r}}{\partial z_3}\right) dv_3 \\
& + \mathcal{C}_2 \frac{\partial^2}{\partial z_2\,\partial x_2} \iint \left(\mathcal{A}_3 \frac{\partial \frac{1}{r}}{\partial x_3} + \mathcal{B}_3 \frac{\partial \frac{1}{r}}{\partial y_3} + \mathcal{C}_3 \frac{\partial \frac{1}{r}}{\partial z_3}\right) dv_3 \Bigg] \\
& \quad \times [\cos(\mathrm{N}_2, x)\,\delta x + \cos(\mathrm{N}_2, y)\,\delta y + \cos(\mathrm{N}_2, z)\,\delta z]\, d\sigma \\
= -\mathrm{S} & \left(\mathcal{A}_2 \frac{\partial^2 \mathcal{V}_3}{\partial x_2^2} + \mathcal{B}_2 \frac{\partial^2 \mathcal{V}_3}{\partial x_2\,\partial y_2} + \mathcal{C}_2 \frac{\partial^2 \mathcal{V}_3}{\partial x_2\,\partial z_2}\right) \\
& \times [\cos(\mathrm{N}_2, x)\,\delta x + \cos(\mathrm{N}_2, y)\,\delta y + \cos(\mathrm{N}_2, z)\,\delta z]\, d\sigma.
\end{aligned}$$

Une transformation analogue donne

$$\int\left[\mathcal{A}_3 \frac{\partial^2}{\partial x_3^2}\int\left(\frac{\partial\frac{1}{r}}{\partial x_2}\delta'\mathcal{A}_2+\frac{\partial\frac{1}{r}}{\partial y_2}\delta'\mathcal{B}_2+\frac{\partial\frac{1}{r}}{\partial z_2}\delta'\mathcal{C}_2\right)dv_2\right.$$
$$+\mathcal{B}_3 \frac{\partial^2}{\partial x_3\,\partial y_3}\int\left(\frac{\partial\frac{1}{r}}{\partial x_2}\delta'\mathcal{A}_2+\frac{\partial\frac{1}{r}}{\partial y_2}\delta'\mathcal{B}_2+\frac{\partial\frac{1}{r}}{\partial z_2}\delta'\mathcal{C}_2\right)dv_2$$
$$\left.+\mathcal{C}_3 \frac{\partial^2}{\partial x_3\,\partial z_3}\int\left(\frac{\partial\frac{1}{r}}{\partial x_2}\delta'\mathcal{A}_2+\frac{\partial\frac{1}{r}}{\partial y_2}\delta'\mathcal{B}_2+\frac{\partial\frac{1}{r}}{\partial z_2}\delta'\mathcal{C}_2\right)dv_2\right]dv_3$$
$$=-\int\left(\frac{\partial^2\mathcal{V}_3}{\partial x_2^2}\delta'\mathcal{A}_2+\frac{\partial^2\mathcal{V}_3}{\partial x_2\,\partial y_2}\delta'\mathcal{B}_2+\frac{\partial^2\mathcal{V}_3}{\partial x_2\,\partial z_2}\delta'\mathcal{C}_2\right)dv_2.$$

La variation du terme (5) devient donc

$$(10)\quad h\,\delta x^2\int\left[\mathcal{A}_3\frac{\partial^3(\mathcal{V}_1+\mathcal{V}_2)}{\partial x_3^3}+\mathcal{B}_3\frac{\partial^3(\mathcal{V}_1+\mathcal{V}_2)}{\partial x_3^2\,\partial y_3}+\mathcal{C}_3\frac{\partial^3(\mathcal{V}_1+\mathcal{V}_2)}{\partial x_3^2\,\partial z_3}\right]dv_3$$
$$+h\,\delta x\,\delta y\int\left[\mathcal{A}_3\frac{\partial^3(\mathcal{V}_1+\mathcal{V}_2)}{\partial x_3^2\,\partial y_3}+\mathcal{B}_3\frac{\partial^3(\mathcal{V}_1+\mathcal{V}_2)}{\partial x_3\,\partial y_3^2}+\mathcal{C}_3\frac{\partial^3(\mathcal{V}_1+\mathcal{V}_2)}{\partial x_3\,\partial y_3\,\partial z_3}\right]dv_3$$
$$+h\,\delta x\,\delta z\int\left[\mathcal{A}_3\frac{\partial^3(\mathcal{V}_1+\mathcal{V}_2)}{\partial x_3^2\,\partial z_3}+\mathcal{B}_3\frac{\partial^3(\mathcal{V}_1+\mathcal{V}_2)}{\partial x_3\,\partial y_3\,\partial z_3}+\mathcal{C}_3\frac{\partial^3(\mathcal{V}_1+\mathcal{V}_2)}{\partial x_3\,\partial z_3^2}\right]dv_3$$
$$-h\,\delta x\int\left(\frac{\partial^2\mathcal{V}_3}{\partial x_2^2}\delta'\mathcal{A}_2+\frac{\partial^2\mathcal{V}_3}{\partial x_2\,\partial y_2}\delta'\mathcal{B}_2+\frac{\partial^2\mathcal{V}_3}{\partial x_2\,\partial z_2}\delta'\mathcal{C}_2\right)dv_2$$
$$+h\,\delta x\;\mathrm{S}\left(\mathcal{A}_2\frac{\partial^2\mathcal{V}_3}{\partial x_2^2}+\mathcal{B}_2\frac{\partial^2\mathcal{V}_3}{\partial x_2\,\partial y_2}+\mathcal{C}_2\frac{\partial^2\mathcal{V}_3}{\partial x_2\,\partial z_2}\right)$$
$$\times[\cos(N_2,x)\,\delta x+\cos(N_2,y)\,\delta y+\cos(N_2,z)\,\delta z]\,d\sigma.$$

De même, la variation du terme (6) a pour valeur

$$(11)\quad h\,\delta y\,\delta x\int\left[\mathcal{A}_3\frac{\partial^3(\mathcal{V}_1+\mathcal{V}_2)}{\partial x_3^2\,\partial y_3}+\mathcal{B}_3\frac{\partial^3(\mathcal{V}_1+\mathcal{V}_2)}{\partial x_3\,\partial y_3^2}+\mathcal{C}_3\frac{\partial^3(\mathcal{V}_1+\mathcal{V}_2)}{\partial x_3\,\partial y_3\,\partial z_3}\right]dv_3$$
$$+h\,\delta y^2\int\left[\mathcal{A}_3\frac{\partial^3(\mathcal{V}_1+\mathcal{V}_2)}{\partial x_3\,\partial y_3^2}+\mathcal{B}_3\frac{\partial^3(\mathcal{V}_1+\mathcal{V}_2)}{\partial y_3^3}+\mathcal{C}_3\frac{\partial^3(\mathcal{V}_1+\mathcal{V}_2)}{\partial y_3^2\,\partial z_3}\right]dv_3$$
$$+h\,\delta y\,\delta z\int\left[\mathcal{A}_3\frac{\partial^3(\mathcal{V}_1+\mathcal{V}_2)}{\partial x_3\,\partial y_3\,\partial z_3}+\mathcal{B}_3\frac{\partial^3(\mathcal{V}_1+\mathcal{V}_2)}{\partial y_3^2\,\partial z_3}+\mathcal{C}_3\frac{\partial^3(\mathcal{V}_1+\mathcal{V}_2)}{\partial y_3\,\partial z_3^2}\right]dv_3$$
$$-h\,\delta y\int\left(\frac{\partial^2\mathcal{V}_3}{\partial x_2\,\partial y_2}\delta'\mathcal{A}_2+\frac{\partial^2\mathcal{V}_3}{\partial y_2^2}\delta'\mathcal{B}_2+\frac{\partial^2\mathcal{V}_3}{\partial y_2\,\partial z_2}\delta'\mathcal{C}_2\right)dv_3$$
$$+h\,\delta y\;\mathrm{S}\left(\mathcal{A}_2\frac{\partial^2\mathcal{V}_3}{\partial x_2\,\partial y_2}+\mathcal{B}_2\frac{\partial^2\mathcal{V}_3}{\partial y_2^2}+\mathcal{C}_2\frac{\partial^2\mathcal{V}_3}{\partial y_2\,\partial z_2}\right)$$
$$\times[\cos(N_2,x)\,\delta x+\cos(N_2,y)\,\delta y+\cos(N_2,z)\,\delta z]\,d\sigma.$$

La variation du terme (7) a pour valeur

$$(12)\quad h\,\delta z\,\delta x \int \left[\mathcal{A}_3 \frac{\partial^3(\mathcal{V}_1+\mathcal{V}_2)}{\partial x_3^2\,\partial z_3} + \mathcal{B}_3 \frac{\partial^3(\mathcal{V}_1+\mathcal{V}_2)}{\partial x_3\,\partial y_3\,\partial z_3} + \mathcal{C}_3 \frac{\partial^3(\mathcal{V}_1+\mathcal{V}_2)}{\partial x_3\,\partial z_3^2} \right] dv_3$$

$$+ h\,\delta z\,\delta y \int \left[\mathcal{A}_3 \frac{\partial^3(\mathcal{V}_1+\mathcal{V}_2)}{\partial x_3\,\partial y_3\,\partial z_3} + \mathcal{B}_3 \frac{\partial^3(\mathcal{V}_1+\mathcal{V}_2)}{\partial y_3^2\,\partial z_3} + \mathcal{C}_3 \frac{\partial^3(\mathcal{V}_1+\mathcal{V}_2)}{\partial y_3\,\partial z_3^2} \right] dv_3$$

$$+ h\,\delta z^2 \int \left[\mathcal{A}_3 \frac{\partial^3(\mathcal{V}_1+\mathcal{V}_2)}{\partial x_3\,\partial z_3^2} + \mathcal{B}_3 \frac{\partial^3(\mathcal{V}_1+\mathcal{V}_2)}{\partial y_3\,\partial z_3^2} + \mathcal{C}_3 \frac{\partial^3(\mathcal{V}_1+\mathcal{V}_2)}{\partial z_3^3} \right] dv_3$$

$$+ h\,\delta z\, \mathbf{S} \left[\mathcal{A}_2 \frac{\partial^2 \mathcal{V}_3}{\partial x_2\,\partial z_2} + \mathcal{B}_2 \frac{\partial^2 \mathcal{V}_3}{\partial y_2\,\partial z_2} + \mathcal{C}_2 \frac{\partial^2 \mathcal{V}_3}{\partial z_2^2} \right]$$
$$\times [\cos(\mathrm{N}_2, x)\,\delta x + \cos(\mathrm{N}_2, y)\,\delta y + \cos(\mathrm{N}_2, z)\,\delta z]\, d\sigma$$

$$- h\,\delta z \int \left(\frac{\partial^2 \mathcal{V}_3}{\partial x_2\,\partial z_2}\,\delta'\mathcal{A}_2 + \frac{\partial^2 \mathcal{V}_3}{\partial y_2\,\partial z_2}\,\delta'\mathcal{B}_2 + \frac{\partial^2 \mathcal{V}_3}{\partial z_2^2}\,\delta'\mathcal{C}_2 \right) dv_3.$$

4° *Variation du terme* (8). — Cette variation est

$$(13)\quad \int \frac{1}{\mathfrak{M}_2} \frac{d\mathcal{F}_2(\mathfrak{M}_2)}{d\mathfrak{M}_2} (\mathcal{A}_2\,\delta'^2\mathcal{A}_2 + \mathcal{B}_2\,\delta'^2\mathcal{B}_2 + \mathcal{C}_2\,\delta'^2\mathcal{C}_2)\, dv_2$$

$$+ \int \frac{1}{\mathfrak{M}_2} \frac{d\mathcal{F}_2(\mathfrak{M}_2)}{d\mathfrak{M}_2} [(\delta'\mathcal{A}_2)^2 + (\delta'\mathcal{B}_2)^2 + (\delta'\mathcal{C}_2)^2]\, dv_2$$

$$+ \int \frac{1}{\mathfrak{M}_2} \frac{d}{d\mathfrak{M}_2} \left[\frac{1}{\mathfrak{M}_2} \frac{d\mathcal{F}_2(\mathfrak{M}_2)}{d\mathfrak{M}_2} \right]$$
$$\times (\mathcal{A}_2\,\delta'\mathcal{A}_2 + \mathcal{B}_2\,\delta'\mathcal{B}_2 + \mathcal{C}_2\,\delta'\mathcal{C}_2)^2\, dv_2$$

$$- \mathbf{S} \frac{1}{\mathfrak{M}_2} \frac{d\mathcal{F}_2(\mathfrak{M}_2)}{d\mathfrak{M}_2} (\mathcal{A}_2\,\delta'\mathcal{A}_2 + \mathcal{B}_2\,\delta'\mathcal{B}_2 + \mathcal{C}_2\,\delta'\mathcal{C}_2)$$
$$\times [\cos(\mathrm{N}_2, x)\,\delta x + \cos(\mathrm{N}_2, y)\,\delta y + \cos(\mathrm{N}_2, z)\,\delta z]\, d\sigma.$$

5° *Variations des termes* (9), (10), (11). — Cherchons enfin la variation de l'ensemble des termes (9), (10), (11), c'est-à-dire de

$$- h\, \mathbf{S}\, \mathcal{F}_2(\mathfrak{M}_2) [\cos(\mathrm{N}_2, x)\,\delta x + \cos(\mathrm{N}_2, y)\,\delta y + \cos(\mathrm{N}_2, z)\,\delta z]\, d\sigma.$$

Si l'on observe que

$$\delta'\mathfrak{M}_2 = \frac{1}{\mathfrak{M}_2} (\mathcal{A}_2\,\delta'\mathcal{A}_2 + \mathcal{B}_2\,\delta'\mathcal{B}_2 + \mathcal{C}_2\,\delta'\mathcal{C}_2),$$

$$\frac{\partial\mathfrak{M}_2}{\partial x} = \frac{1}{\mathfrak{M}_2} \left(\mathcal{A}_2 \frac{\partial\mathcal{A}_2}{\partial x} + \mathcal{B}_2 \frac{\partial\mathcal{B}_2}{\partial x} + \mathcal{C}_2 \frac{\partial\mathcal{C}_2}{\partial x} \right),$$

$$\frac{\partial\mathfrak{M}_2}{\partial y} = \frac{1}{\mathfrak{M}_2} \left(\mathcal{A}_2 \frac{\partial\mathcal{A}_2}{\partial y} + \mathcal{B}_2 \frac{\partial\mathcal{B}_2}{\partial y} + \mathcal{C}_2 \frac{\partial\mathcal{C}_2}{\partial y} \right),$$

$$\frac{\partial\mathfrak{M}_2}{\partial z} = \frac{1}{\mathfrak{M}_2} \left(\mathcal{A}_2 \frac{\partial\mathcal{A}_2}{\partial z} + \mathcal{B}_2 \frac{\partial\mathcal{B}_2}{\partial z} + \mathcal{C}_2 \frac{\partial\mathcal{C}_2}{\partial z} \right),$$

cette variation aura pour valeur

$$(14)\quad -h\,\mathbf{S}\frac{1}{\mathfrak{M}_2}\frac{d\mathcal{F}_2(\mathfrak{M}_2)}{d\mathfrak{M}_2}(\mathcal{A}_2\,\delta'\mathcal{A}_2+\mathcal{B}_2\,\delta'\mathcal{B}_2+\mathcal{C}_2\,\delta'\mathcal{C}_2)$$
$$\times[\cos(N_2,x)\,\delta x+\cos(N_2,y)\,\delta y+\cos(N_2,z)\,\delta z]\,d\sigma.$$
$$-h\,\mathbf{S}\frac{1}{\mathfrak{M}_2}\frac{d\mathcal{F}_2(\mathfrak{M}_2)}{d\mathfrak{M}_2}\Big[\quad\mathcal{A}_2\left(\frac{\partial\mathcal{A}_2}{\partial x}\,\delta x+\frac{\partial\mathcal{A}_2}{\partial y}\,\delta y+\frac{\partial\mathcal{A}_2}{\partial z}\,\delta z\right)$$
$$+\mathcal{B}_2\left(\frac{\partial\mathcal{B}_2}{\partial x}\,\delta x+\frac{\partial\mathcal{B}_2}{\partial y}\,\delta y+\frac{\partial\mathcal{B}_2}{\partial z}\,\delta z\right)$$
$$+\mathcal{C}_2\left(\frac{\partial\mathcal{C}_2}{\partial x}\,\delta x+\frac{\partial\mathcal{C}_2}{\partial y}\,\delta y+\frac{\partial\mathcal{C}_2}{\partial z}\,\delta z\right)\Big].$$
$$\times[\cos(N_2,x)\,\delta x+\cos(N_2,y)\,\delta y+\cos(N_2,z)\,\delta z]\,d\sigma.$$

En faisant la somme des quantités (8), (9), (10), (11), (12), (13) et (14), nous aurons l'expression de $\delta^2\mathcal{F}$.

Cette expression est la suivante :

$$(15)\quad \delta^2\mathcal{F}=\quad h\,\delta x^2\int\left[\mathcal{A}_3\frac{\partial^3(\mathcal{V}_1+\mathcal{V}_2)}{\partial x_3^3}+\mathcal{B}_3\frac{\partial^3(\mathcal{V}_1+\mathcal{V}_2)}{\partial x_3^2\,\partial y_3}+\mathcal{C}_3\frac{\partial^3(\mathcal{V}_1+\mathcal{V}_2)}{\partial x_3^2\,\partial z_3}\right]dv_3\quad(1)$$
$$+\quad h\,\delta y^2\int\left[\mathcal{A}_3\frac{\partial^3(\mathcal{V}_1+\mathcal{V}_2)}{\partial x_3\,\partial y_3^2}+\mathcal{B}_3\frac{\partial^3(\mathcal{V}_1+\mathcal{V}_2)}{\partial y_3^3}+\mathcal{C}_3\frac{\partial^3(\mathcal{V}_1+\mathcal{V}_2)}{\partial y_3^2\,\partial z_3}\right]dv_3\quad(2)$$
$$+\quad h\,\delta z^2\int\left[\mathcal{A}_3\frac{\partial^3(\mathcal{V}_1+\mathcal{V}_2)}{\partial x_3\,\partial z_3^2}+\mathcal{B}_3\frac{\partial^3(\mathcal{V}_1+\mathcal{V}_2)}{\partial y_3\,\partial z_3^2}+\mathcal{C}_3\frac{\partial^3(\mathcal{V}_1+\mathcal{V}_2)}{\partial z_3^3}\right]dv_3\quad(3)$$
$$+2h\,\delta y\,\delta z\int\left[\mathcal{A}_3\frac{\partial^3(\mathcal{V}_1+\mathcal{V}_2)}{\partial x_3\,\partial y_3\,\partial z_3}+\mathcal{B}_3\frac{\partial^3(\mathcal{V}_1+\mathcal{V}_2)}{\partial y_3^2\,\partial z_3}+\mathcal{C}_3\frac{\partial^3(\mathcal{V}_1+\mathcal{V}_2)}{\partial y_3\,\partial z_3^2}\right]dv_3\quad(4)$$
$$+2h\,\delta z\,\delta x\int\left[\mathcal{A}_3\frac{\partial^3(\mathcal{V}_1+\mathcal{V}_2)}{\partial x_3^2\,\partial z_3}+\mathcal{B}_3\frac{\partial^3(\mathcal{V}_1+\mathcal{V}_2)}{\partial x_3\,\partial y_3\,\partial z_3}+\mathcal{C}_3\frac{\partial^3(\mathcal{V}_1+\mathcal{V}_2)}{\partial x_3\,\partial z_3^2}\right]dv_3\quad(5)$$
$$+2h\,\delta x\,\delta y\int\left[\mathcal{A}_3\frac{\partial^3(\mathcal{V}_1+\mathcal{V}_2)}{\partial x_3^2\,\partial y_3}+\mathcal{B}_3\frac{\partial^3(\mathcal{V}_1+\mathcal{V}_2)}{\partial x_3\,\partial y_3^2}+\mathcal{C}_3\frac{\partial^3(\mathcal{V}_1+\mathcal{V}_2)}{\partial x_3\,\partial y_3\,\partial z_3}\right]dv_3\quad(6)$$
$$\left.\begin{array}{l}-h\,\mathbf{S}\Big[\dfrac{\partial(\mathcal{V}_1+\mathcal{V}_2+\mathcal{V}_3)}{\partial x_2}\,\delta'\mathcal{A}_2+\dfrac{\partial(\mathcal{V}_1+\mathcal{V}_2+\mathcal{V}_3)}{\partial y_2}\,\delta'\mathcal{B}_2\\ \qquad\qquad+\dfrac{\partial(\mathcal{V}_1+\mathcal{V}_2+\mathcal{V}_3)}{\partial z_2}\,\delta'\mathcal{C}_2\Big]\\ \times[\cos(N_2,x)\,\delta x+\cos(N_2,y)\,\delta y+\cos(N_2,z)\,\delta z]\,d\sigma\end{array}\right\}\quad(7)$$
$$\left.\begin{array}{l}-\quad\mathbf{S}\dfrac{1}{\mathfrak{M}_2}\dfrac{d\mathcal{F}_2(\mathfrak{M}_2)}{d\mathfrak{M}_2}(\mathcal{A}_2\,\delta'\mathcal{A}_2+\mathcal{B}_2\,\delta'\mathcal{B}_2+\mathcal{C}_2\,\delta'\mathcal{C}_2)\\ \times[\cos(N_2,x)\,\delta x+\cos(N_2,y)\,\delta y+\cos(N_2,z)\,\delta z]\,d\sigma\end{array}\right\}\quad(8)$$

(15) (suite)

$$-h\,\delta x\int\left(\frac{\partial^2\mathcal{V}_3}{\partial x_2^2}\,\delta'\mathcal{A}_2+\frac{\partial^2\mathcal{V}_3}{\partial x_2\,\partial y_2}\,\delta'\mathcal{B}_2+\frac{\partial^2\mathcal{V}_3}{\partial x_2\,\partial z_2}\,\delta'\mathcal{C}_2\right)dv_2 \qquad (9)$$

$$-h\,\delta y\int\left(\frac{\partial^2\mathcal{V}_3}{\partial x_2\,\partial y_2}\,\delta'\mathcal{A}_2+\frac{\partial^2\mathcal{V}_3}{\partial y_2^2}\,\delta'\mathcal{B}_2+\frac{\partial^2\mathcal{V}_3}{\partial y_2\,\partial z_2}\,\delta'\mathcal{C}_2\right)dv_2 \qquad (10)$$

$$-h\,\delta z\int\left(\frac{\partial^2\mathcal{V}_3}{\partial x_2\,\partial z_2}\,\delta'\mathcal{A}_2+\frac{\partial^2\mathcal{V}_3}{\partial y_2\,\partial z_2}\,\delta'\mathcal{B}_2+\frac{\partial^2\mathcal{V}_3}{\partial z_2^2}\,\delta'\mathcal{C}_2\right)dv_2 \qquad (11)$$

$$+\int\frac{1}{\mathcal{M}_2}\,\frac{d\mathcal{F}_2(\mathcal{M}_2)}{d\mathcal{M}_2}\left[(\delta'\mathcal{A}_2)^2+(\delta'\mathcal{B}_2)^2+(\delta'\mathcal{C}_2)^2\right]dv_2 \qquad (12)$$

$$\left.\begin{aligned}&+\int\frac{1}{\mathcal{M}_2}\,\frac{d}{d\mathcal{M}_2}\left[\frac{1}{\mathcal{M}_2}\,\frac{d\mathcal{F}_2(\mathcal{M}_2)}{d\mathcal{M}_2}\right]\\&\quad\times(\mathcal{A}_2\,\delta'\mathcal{A}_2+\mathcal{B}_2\,\delta'\mathcal{B}_2+\mathcal{C}_2\,\delta'\mathcal{C}_2)^2\,dv_2\end{aligned}\right\} \qquad (13)$$

$$+h\int\left\{\delta'\mathcal{A}_2\,\frac{\partial}{\partial x_2}\int\left(\delta'\mathcal{A}'_2\,\frac{\partial\frac{1}{r}}{\partial x'_2}+\delta'\mathcal{B}'_2\,\frac{\partial\frac{1}{r}}{\partial y'_2}+\delta'\mathcal{C}'_2\,\frac{\partial\frac{1}{r}}{\partial z'_2}\right)dv'_2\right. \qquad (14)$$

$$+\delta'\mathcal{B}_2\,\frac{\partial}{\partial y_2}\int\left(\delta'\mathcal{A}'_2\,\frac{\partial\frac{1}{r}}{\partial x'_2}+\delta'\mathcal{B}'_2\,\frac{\partial\frac{1}{r}}{\partial y'_2}+\delta'\mathcal{C}'_2\,\frac{\partial\frac{1}{r}}{\partial z'_2}\right)dv'_2 \qquad (15)$$

$$\left.+\delta'\mathcal{C}_2\,\frac{\partial}{\partial z_2}\int\left(\delta'\mathcal{A}'_2\,\frac{\partial\frac{1}{r}}{\partial x'_2}+\delta'\mathcal{B}'_2\,\frac{\partial\frac{1}{r}}{\partial y'_2}+\delta'\mathcal{C}'_2\,\frac{\partial\frac{1}{r}}{\partial z'_2}\right)dv'_2\right\}dv_2 \qquad (16)$$

$$\left.\begin{aligned}&+h\int\left[\frac{\partial(\mathcal{V}_1+\mathcal{V}_2+\mathcal{V}_3)}{\partial x_2}\,\delta'^2\mathcal{A}_2+\frac{\partial(\mathcal{V}_1+\mathcal{V}_2+\mathcal{V}_3)}{\partial y_2}\,\delta'^2\mathcal{B}_2\right.\\&\qquad\left.+\frac{\partial(\mathcal{V}_1+\mathcal{V}_2+\mathcal{V}_3)}{\partial z_2}\,\delta'^2\mathcal{C}_2\right]dv_2\end{aligned}\right\} \qquad (17)$$

$$+\int\frac{1}{\mathcal{M}_2}\,\frac{d\mathcal{F}_2(\mathcal{M}_2)}{d\mathcal{M}_2}\,(\mathcal{A}_2\,\delta'^2\mathcal{A}_2+\mathcal{B}_2\,\delta'^2\mathcal{B}_2+\mathcal{C}_2\,\delta'^2\mathcal{C}_2)\,dv_2 \qquad (18)$$

$$\left.\begin{aligned}&-h\,\mathrm{S}\left[\frac{\partial(\mathcal{V}_1+\mathcal{V}_2+\mathcal{V}_3)}{\partial x_2}\,\delta'\mathcal{A}_2+\frac{\partial(\mathcal{V}_1+\mathcal{V}_2+\mathcal{V}_3)}{\partial y_2}\,\delta'\mathcal{B}_2\right.\\&\qquad\left.+\frac{\partial(\mathcal{V}_1+\mathcal{V}_2+\mathcal{V}_3)}{\partial z_2}\,\delta'\mathcal{C}_2\right]\\&\quad\times[\cos(\mathrm{N}_2,x)\,\delta x+\cos(\mathrm{N}_2,y)\,\delta y+\cos(\mathrm{N}_2,z)\,\delta z]\,d\tau\end{aligned}\right\} \qquad (19)$$

$$\left.\begin{aligned}&-h\,\mathrm{S}\left[\frac{\partial\mathcal{V}_2}{\partial x_2}\,\delta'\mathcal{A}_2+\frac{\partial\mathcal{V}_2}{\partial y_2}\,\delta'\mathcal{B}_2+\frac{\partial\mathcal{V}_2}{\partial z_2}\,\delta'\mathcal{C}_2\right]\\&\quad\times[\cos(\mathrm{N}_2,x)\,\delta x+\cos(\mathrm{N}_2,y)\,\delta y+\cos(\mathrm{N}_2,z)\,\delta z]\,d\tau\end{aligned}\right\} \qquad (20)$$

(15) (suite)

$$-h\,\mathbf{S}\Big\{\frac{\partial(\mathcal{V}_1+\mathcal{V}_2+\mathcal{V}_3)}{\partial x_2}\left[\frac{\partial\mathcal{A}_2}{\partial x}\,\delta x+\frac{\partial\mathcal{A}_2}{\partial y}\,\delta y+\frac{\partial\mathcal{A}_2}{\partial z}\,\delta z\right] \tag{21}$$

$$+\frac{\partial(\mathcal{V}_1+\mathcal{V}_2+\mathcal{V}_3)}{\partial y_2}\left[\frac{\partial\mathcal{B}_2}{\partial x}\,\delta x+\frac{\partial\mathcal{B}_2}{\partial y}\,\delta y+\frac{\partial\mathcal{B}_2}{\partial z}\,\delta z\right] \tag{22}$$

$$\left.\begin{aligned}&+\frac{\partial(\mathcal{V}_1+\mathcal{V}_2+\mathcal{V}_3)}{\partial z_2}\left[\frac{\partial\mathcal{C}_2}{\partial x}\,\delta x+\frac{\partial\mathcal{C}_2}{\partial y}\,\delta y+\frac{\partial\mathcal{C}_2}{\partial z}\,\delta z\right]\Big\}\\&\times[\cos(\mathrm{N}_2,x)\,\delta x+\cos(\mathrm{N}_2,y)\,\delta y+\cos(\mathrm{N}_2,z)\,\delta z]\,d\sigma\end{aligned}\right\} \tag{23}$$

$$-h\,\mathbf{S}\Big[\left(\frac{\partial^2\mathcal{V}_1}{\partial x_2^2}\,\mathcal{A}_2+\frac{\partial^2\mathcal{V}_1}{\partial x_2\,\partial y_2}\,\mathcal{B}_2+\frac{\partial^2\mathcal{V}_1}{\partial x_2\,\partial z_2}\,\mathcal{C}_2\right)\delta x \tag{24}$$

$$+\left(\frac{\partial^2\mathcal{V}_1}{\partial x_2\,\partial y_2}\,\mathcal{A}_2+\frac{\partial^2\mathcal{V}_1}{\partial y_2^2}\,\mathcal{B}_2+\frac{\partial^2\mathcal{V}_1}{\partial y_2\,\partial z_2}\,\mathcal{C}_2\right)\delta y \tag{25}$$

$$\left.\begin{aligned}&+\left(\frac{\partial^2\mathcal{V}_1}{\partial x_2\,\partial z_2}\,\mathcal{A}_2+\frac{\partial^2\mathcal{V}_1}{\partial y_2\,\partial z_2}\,\mathcal{B}_2+\frac{\partial^2\mathcal{V}_1}{\partial z_2^2}\,\mathcal{C}_2\right)\delta z\Big]\\&\times[\cos(\mathrm{N}_2,x)\,\delta x+\cos(\mathrm{N}_2,y)\,\delta y+\cos(\mathrm{N}_2,z)\,\delta z]\,d\sigma\end{aligned}\right\} \tag{26}$$

$$-h\,\mathbf{S}\Big[\mathcal{A}_2\,\frac{\partial}{\partial x_2}\int\left(\frac{\partial\frac{1}{r}}{\partial x'_2}\,\delta'\mathcal{A}'_2+\frac{\partial\frac{1}{r}}{\partial y'_2}\,\delta'\mathcal{B}'_2+\frac{\partial\frac{1}{r}}{\partial z'_2}\,\delta'\mathcal{C}'_2\right)dv'_2 \tag{27}$$

$$+\mathcal{B}_2\,\frac{\partial}{\partial y_2}\int\left(\frac{\partial\frac{1}{r}}{\partial x'_2}\,\delta'\mathcal{A}'_2+\frac{\partial\frac{1}{r}}{\partial y'_2}\,\delta'\mathcal{B}'_2+\frac{\partial\frac{1}{r}}{\partial z'_2}\,\delta'\mathcal{C}'_2\right)dv'_2 \tag{28}$$

$$\left.\begin{aligned}&+\mathcal{C}_2\,\frac{\partial}{\partial z_2}\int\left(\frac{\partial\frac{1}{r}}{\partial x'_2}\,\delta'\mathcal{A}'_2+\frac{\partial\frac{1}{r}}{\partial y'_2}\,\delta'\mathcal{B}'_2+\frac{\partial\frac{1}{r}}{\partial z'_2}\,\delta'\mathcal{C}'_2\right)dv'_2\Big]\\&\times[\cos(\mathrm{N}_2,x)\,\delta x+\cos(\mathrm{N}_2,y)\,\delta y+\cos(\mathrm{N}_2,z)\,\delta z]\,d\sigma\end{aligned}\right\} \tag{29}$$

$$+h\,\mathbf{S}\Big\{\left.\begin{aligned}&\mathcal{A}_2\,\frac{\partial}{\partial x_2}\,\mathbf{S}\left(\frac{\partial\frac{1}{r}}{\partial x'_2}\,\mathcal{A}'_2+\frac{\partial\frac{1}{r}}{\partial y'_2}\,\mathcal{B}'_2+\frac{\partial\frac{1}{r}}{\partial z'_2}\,\mathcal{C}'_2\right)\\&\times[\cos(\mathrm{N}'_2,x)\,\delta x+\cos(\mathrm{N}'_2,y)\,\delta y+\cos(\mathrm{N}'_2,z)\,\delta z]\,d\sigma'\end{aligned}\right\} \tag{30}$$

$$\left.\begin{aligned}&+\mathcal{B}_2\,\frac{\partial}{\partial y_2}\,\mathbf{S}\left(\frac{\partial\frac{1}{r}}{\partial x'_2}\,\mathcal{A}'_2+\frac{\partial\frac{1}{r}}{\partial y'_2}\,\mathcal{B}'_2+\frac{\partial\frac{1}{r}}{\partial z'_2}\,\mathcal{C}'_2\right)\\&\times[\cos(\mathrm{N}'_2,x)\,\delta x+\cos(\mathrm{N}'_2,y)\,\delta y+\cos(\mathrm{N}'_2,z)\,\delta z]\,d\sigma'\end{aligned}\right\} \tag{31}$$

$$\left.\begin{aligned}&+\mathcal{C}_2\,\frac{\partial}{\partial z_2}\,\mathbf{S}\left(\frac{\partial\frac{1}{r}}{\partial x'_2}\,\mathcal{A}'_2+\frac{\partial\frac{1}{r}}{\partial y'_2}\,\mathcal{B}'_2+\frac{\partial\frac{1}{r}}{\partial z'_2}\,\mathcal{C}'_2\right)\\&\times[\cos(\mathrm{N}'_2,x)\,\delta x+\cos(\mathrm{N}'_2,y)\,\delta y+\cos(\mathrm{N}'_2,z)\,\delta z]\,d\sigma'\Big\}\\&\times[\cos(\mathrm{N}_2,x)\,\delta x+\cos(\mathrm{N}_2,y)\,\delta y+\cos(\mathrm{N}_2,z)\,\delta z]\,d\sigma\end{aligned}\right\} \tag{32}$$

(15) (suite)

$$
\begin{aligned}
& - h\,\delta x \int \left(\frac{\partial^2 \mathcal{V}_3}{\partial x_2^2}\,\delta' \mathcal{A}_2 + \frac{\partial^2 \mathcal{V}_3}{\partial x_2\,\partial y_2}\,\delta' \mathcal{B}_2 + \frac{\partial^2 \mathcal{V}_3}{\partial x_2\,\partial z_2}\,\delta' \mathcal{C}_2 \right) dv_2 && (33)\\
& - h\,\delta y \int \left(\frac{\partial^2 \mathcal{V}_3}{\partial x_2\,\partial y_2}\,\delta' \mathcal{A}_2 + \frac{\partial^2 \mathcal{V}_3}{\partial y_2^2}\,\delta' \mathcal{B}_2 + \frac{\partial^2 \mathcal{V}_3}{\partial y_2\,\partial z_2}\,\delta' \mathcal{C}_2 \right) dv_2 && (34)\\
& - h\,\delta z \int \left(\frac{\partial^2 \mathcal{V}_3}{\partial x_2\,\partial z_2}\,\delta' \mathcal{A}_2 + \frac{\partial^2 \mathcal{V}_3}{\partial y_2\,\partial z_2}\,\delta' \mathcal{B}_2 + \frac{\partial^2 \mathcal{V}_3}{\partial z_2^2}\,\delta' \mathcal{C}_2 \right) dv_2 && (35)\\
& + h\,\delta x\, \mathbf{S} \left(\mathcal{A}_2 \frac{\partial^2 \mathcal{V}_3}{\partial x_2^2} + \mathcal{B}_2 \frac{\partial^2 \mathcal{V}_3}{\partial x_2\,\partial y_2} + \mathcal{C}_2 \frac{\partial^2 \mathcal{V}_3}{\partial x_2\,\partial z_2} \right) \\
& \qquad \times [\cos(N_2, x)\,\delta x + \cos(N_2, y)\,\delta y + \cos(N_2, z)\,\delta z]\, d\sigma && (36)\\
& + h\,\delta y\, \mathbf{S} \left(\mathcal{A}_2 \frac{\partial^2 \mathcal{V}_3}{\partial x_2\,\partial y_2} + \mathcal{B}_2 \frac{\partial^2 \mathcal{V}_3}{\partial y_2^2} + \mathcal{C}_2 \frac{\partial^2 \mathcal{V}_3}{\partial y_2\,\partial z_2} \right) \\
& \qquad \times [\cos(N_2, x)\,\delta x + \cos(N_2, y)\,\delta y + \cos(N_2, z)\,\delta z]\, d\sigma && (37)\\
& + h\,\delta z\, \mathbf{S} \left(\mathcal{A}_2 \frac{\partial^2 \mathcal{V}_3}{\partial x_2\,\partial z_2} + \mathcal{B}_2 \frac{\partial^2 \mathcal{V}_3}{\partial y_2\,\partial z_2} + \mathcal{C}_2 \frac{\partial^2 \mathcal{V}_3}{\partial z_2^2} \right) \\
& \qquad \times [\cos(N_2, x)\,\delta x + \cos(N_2, y)\,\delta y + \cos(N_2, z)\,\delta z]\, d\sigma && (38)\\
& - h\, \mathbf{S} \frac{1}{\mathcal{M}_2} \frac{d\mathfrak{F}_2(\mathcal{M}_2)}{d\mathcal{M}_2} (\mathcal{A}_2\,\delta' \mathcal{A}_2 + \mathcal{B}_2\,\delta' \mathcal{B}_2 + \mathcal{C}_2\,\delta' \mathcal{C}_2) \\
& \qquad \times [\cos(N_2, x)\,\delta x + \cos(N_2, y)\,\delta y + \cos(N_2, z)\,\delta z]\, d\sigma && (39)\\
& - h\, \mathbf{S} \frac{1}{\mathcal{M}_2} \frac{d\mathfrak{F}_2(\mathcal{M}_2)}{d\mathcal{M}_2} \Big[\quad \mathcal{A}_2 \left(\frac{\partial \mathcal{A}_2}{\partial x}\,\delta x + \frac{\partial \mathcal{A}_2}{\partial y}\,\delta y + \frac{\partial \mathcal{A}_2}{\partial z}\,\delta z \right) && (40)\\
& \qquad + \mathcal{B}_2 \left(\frac{\partial \mathcal{B}_2}{\partial x}\,\delta x + \frac{\partial \mathcal{B}_2}{\partial y}\,\delta y + \frac{\partial \mathcal{B}_2}{\partial z}\,\delta z \right) && (41)\\
& \qquad + \mathcal{C}_2 \left(\frac{\partial \mathcal{C}_2}{\partial x}\,\delta x + \frac{\partial \mathcal{C}_2}{\partial y}\,\delta y + \frac{\partial \mathcal{C}_2}{\partial z}\,\delta z \right) \Big] \\
& \qquad \times [\cos(N_2, x)\,\delta x + \cos(N_2, y)\,\delta y + \cos(N_2, z)\,\delta z]\, d\sigma. && (42)
\end{aligned}
$$

Telle est l'expression de $\delta^2 \mathfrak{F}$.

Cette expression se simplifie.

L'ensemble des termes (7), (8), (9), (10), (11), (12), (13), (14), (15), (16) est identique au premier membre de l'égalité (6), où l'on aurait fait

$$\delta \mathcal{A}_2 = \delta' \mathcal{A}_2, \qquad \delta \mathcal{B}_2 = \delta' \mathcal{B}_2, \qquad \delta \mathcal{C}_2 = \delta' \mathcal{C}_2.$$

Mais l'égalité (6) devant avoir lieu quels que soient $\delta \mathcal{A}_2$, $\delta \mathcal{B}_2$, $\delta \mathcal{C}_2$, l'ensemble des termes en question s'évanouit.

Si l'on observe que l'on a

$$(16)\quad \begin{cases} \mathcal{A}_2 = - F_2(\mathfrak{M}_2)\dfrac{\partial(\mathcal{V}_1+\mathcal{V}_2+\mathcal{V}_3)}{\partial x_2}, \\ \mathcal{B}_2 = - F_2(\mathfrak{M}_2)\dfrac{\partial(\mathcal{V}_1+\mathcal{V}_2+\mathcal{V}_3)}{\partial y_2}, \\ \mathcal{C}_2 = - F_2(\mathfrak{M}_2)\dfrac{\partial(\mathcal{V}_1+\mathcal{V}_2+\mathcal{V}_3)}{\partial z_2} \end{cases}$$

et

$$F(\mathfrak{M}_2) = \frac{\mathfrak{M}_2}{\dfrac{d\mathcal{F}_2(\mathfrak{M}_2)}{d\mathfrak{M}_2}},$$

on voit que le terme (17) détruit le terme (18), que le terme (19) détruit le terme (39), que le terme (21) détruit le terme (40), que le terme (22) détruit le terme (41), que le terme (23) détruit le terme (42).

Malgré ces nombreuses simplifications, l'ensemble des termes restants présente une complication presque inextricable qui en rend l'interprétation impossible.

L'interprétation, au contraire, en devient facile si nous supposons le corps et le milieu faiblement magnétiques; les quantités $F_2(\mathfrak{M}_2)$, $F_3(\mathfrak{M}_3)$ sont alors très petites; nous conviendrons de négliger les quantités de l'ordre du carré de chacune de ces quantités ou de l'ordre de leur produit.

Les égalités (16) montrent que $\mathcal{A}_2$, $\mathcal{B}_2$, $\mathcal{C}_2$ sont de l'ordre de $F_2(\mathfrak{M}_2)$.

Les égalités

$$\mathcal{A}_3 = - F_3(\mathfrak{M}_3)\frac{\partial(\mathcal{V}_1+\mathcal{V}_2+\mathcal{V}_3)}{\partial x_3},$$

$$\mathcal{B}_3 = - F_3(\mathfrak{M}_3)\frac{\partial(\mathcal{V}_1+\mathcal{V}_2+\mathcal{V}_3)}{\partial y_3},$$

$$\mathcal{C}_3 = - F_3(\mathfrak{M}_3)\frac{\partial(\mathcal{V}_1+\mathcal{V}_2+\mathcal{V}_3)}{\partial z_3}$$

montrent de même que $\mathcal{A}_3$, $\mathcal{B}_3$, $\mathcal{C}_3$ sont de l'ordre de $F_3(\mathfrak{M}_3)$. Dès lors, $\mathcal{V}_2$, $\mathcal{V}_3$ sont des quantités qui sont respectivement de l'ordre de $F_2(\mathfrak{M}_2)$, $F_3(\mathfrak{M}_3)$.

Au degré d'approximation indiqué on pourra écrire

$$(17)\quad \begin{cases} \mathcal{A}_2 = - F_2(\mathfrak{M}_2)\dfrac{\partial \mathcal{V}_1}{\partial x_2}, \\ \mathcal{B}_2 = - F_2(\mathfrak{M}_2)\dfrac{\partial \mathcal{V}_1}{\partial y_2}, \\ \mathcal{C}_2 = - F_2(\mathfrak{M}_2)\dfrac{\partial \mathcal{V}_1}{\partial z_2}. \end{cases}$$

De là on déduit, en premier lieu,

$$\frac{\mathfrak{M}_2^2}{[F_2(\mathfrak{M}_2)]^2} = \left(\frac{\partial \mathcal{V}_1}{\partial x_2}\right)^2 + \left(\frac{\partial \mathcal{V}_1}{\partial y_2}\right)^2 + \left(\frac{\partial \mathcal{V}_1}{\partial z_2}\right)^2,$$

ce qui donne

$$\frac{d}{d\mathfrak{M}_2}\frac{\mathfrak{M}_2^2}{[F_2(\mathfrak{M}_2)]^2}\,\delta'\mathfrak{M}_2 = 0$$

ou bien

$$\delta'\mathfrak{M}_2 = 0.$$

Les égalités (17) donnent alors

$$(18)\qquad \delta'\mathcal{A}_2 = 0, \qquad \delta'\mathcal{B}_2 = 0, \qquad \delta'\mathcal{C}_2 = 0.$$

Ces égalités (18) font disparaître les termes (27), (28), (29), (33), (34), (35) de l'égalité (15).

Les termes (36), (31), (32) peuvent être négligés comme étant de l'ordre de

$$F_2(\mathfrak{M}_2)\,F_2(\mathfrak{M}'_2).$$

Les termes (36), (37), (38) peuvent être négligés comme étant de l'ordre de

$$F_2(\mathfrak{M}_2)\,F_3(\mathfrak{M}_3).$$

Enfin, dans les termes (1), (2), (3), (4), (5), (6), on pourra négliger les dérivées de $\mathcal{V}_2$ devant celles de $\mathcal{V}_1$.

Il restera donc

$$
\begin{aligned}
(19)\quad \delta^2 \mathfrak{F} = {} & h\,\delta x^2 \int \left[\mathcal{A}_3 \frac{\partial^3 \mathcal{V}_1}{\partial x_3^3} + \mathcal{B}_3 \frac{\partial^3 \mathcal{V}_1}{\partial x_3^2\, \partial y_3} + \mathcal{C}_3 \frac{\partial^3 \mathcal{V}_1}{\partial x_3^2\, \partial z_3} \right] dv_3 & (1)\\
& + h\,\delta y^2 \int \left[\mathcal{A}_3 \frac{\partial^3 \mathcal{V}_1}{\partial x_3\, \partial y_3^2} + \mathcal{B}_3 \frac{\partial^3 \mathcal{V}_1}{\partial y_3^3} + \mathcal{C}_3 \frac{\partial^3 \mathcal{V}_1}{\partial y_3^2\, \partial z_3} \right] dv_3 & (2)\\
& + h\,\delta z^2 \int \left[\mathcal{A}_3 \frac{\partial^3 \mathcal{V}_1}{\partial x_3\, \partial z_3^2} + \mathcal{B}_3 \frac{\partial^3 \mathcal{V}_1}{\partial y_3\, \partial z_3^2} + \mathcal{C}_3 \frac{\partial^3 \mathcal{V}_1}{\partial z_3^3} \right] dv_3 & (3)\\
& + 2h\,\delta y\,\delta z \int \left[\mathcal{A}_3 \frac{\partial^3 \mathcal{V}_1}{\partial x_3\, \partial y_3\, \partial z_3} + \mathcal{B}_3 \frac{\partial^3 \mathcal{V}_1}{\partial y_3^2\, \partial z_3} + \mathcal{C}_3 \frac{\partial^3 \mathcal{V}_1}{\partial y_3\, \partial z_3^2} \right] dv_3 & (4)\\
& + 2h\,\delta z\,\delta y \int \left[\mathcal{A}_3 \frac{\partial^3 \mathcal{V}_1}{\partial x_3^2\, \partial z_3} + \mathcal{B}_3 \frac{\partial^3 \mathcal{V}_1}{\partial x_3\, \partial y_3\, \partial z_3} + \mathcal{C}_3 \frac{\partial^3 \mathcal{V}_1}{\partial x_3\, \partial z_3^2} \right] dv_3 & (5)\\
& + 2h\,\delta x\,\delta y \int \left[\mathcal{A}_3 \frac{\partial^3 \mathcal{V}_1}{\partial x_3^2\, \partial y_3} + \mathcal{B}_3 \frac{\partial^3 \mathcal{V}_1}{\partial x_3\, \partial y_3^2} + \mathcal{C}_3 \frac{\partial^3 \mathcal{V}_1}{\partial x_3\, \partial y_3\, \partial z_3} \right] dv_3 & (6)\\
& - h\,\mathrm{S} \left[\left(\frac{\partial^2 \mathcal{V}_1}{\partial x_2^2} \mathcal{A}_2 + \frac{\partial^2 \mathcal{V}_1}{\partial x_2\, \partial y_2} \mathcal{B}_2 + \frac{\partial^2 \mathcal{V}_1}{\partial x_2\, \partial z_2} \mathcal{C}_2 \right) \delta x \right. & (7)\\
& \qquad + \left(\frac{\partial^2 \mathcal{V}_1}{\partial x_2\, \partial y_2} \mathcal{A}_2 + \frac{\partial^2 \mathcal{V}_1}{\partial y_2^2} \mathcal{B}_2 + \frac{\partial^2 \mathcal{V}_1}{\partial y_2\, \partial z_2} \mathcal{C}_2 \right) \delta y & (8)\\
& \qquad \left. + \left(\frac{\partial^2 \mathcal{V}_1}{\partial x_2\, \partial z_2} \mathcal{A}_2 + \frac{\partial^2 \mathcal{V}_1}{\partial y_2\, \partial z_2} \mathcal{B}_2 + \frac{\partial^2 \mathcal{V}_1}{\partial z_2^2} \mathcal{C}_2 \right) \delta z \right] & (9)\\
& \qquad \times [\cos(\mathrm{N}_2, x)\,\delta x + \cos(\mathrm{N}_2, y)\,\delta y + \cos(\mathrm{N}_2, z)\,\delta z]\, d\sigma.
\end{aligned}
$$

Nous allons nous proposer d'interpréter la signification des termes (7), (8), (9). Pour cela nous remarquerons que les égalités (17), jointes à l'égalité

$$
\mathrm{F}_2(\mathfrak{M}_2) = \frac{\mathfrak{M}_2}{\dfrac{d\,\mathfrak{F}_2(\mathfrak{M}_2)}{d\mathfrak{M}_2}},
$$

donnent

$$
\begin{aligned}
h\,\mathrm{S} \Bigg[& \frac{\partial \mathcal{V}_1}{\partial x_2} \left(\frac{\partial \mathcal{A}_2}{\partial x} \delta x + \frac{\partial \mathcal{A}_2}{\partial y} \delta y + \frac{\partial \mathcal{A}_2}{\partial z} \delta z \right) \\
& + \frac{\partial \mathcal{V}_1}{\partial y_2} \left(\frac{\partial \mathcal{B}_2}{\partial x} \delta x + \frac{\partial \mathcal{B}_2}{\partial y} \delta y + \frac{\partial \mathcal{B}_2}{\partial z} \delta z \right) \\
& + \frac{\partial \mathcal{V}_1}{\partial z_2} \left(\frac{\partial \mathcal{C}_2}{\partial x} \delta x + \frac{\partial \mathcal{C}_2}{\partial y} \delta y + \frac{\partial \mathcal{C}_2}{\partial z} \delta z \right) \Bigg] \\
& \times [\cos(\mathrm{N}_2, x)\,\delta x + \cos(\mathrm{N}_2, y)\,\delta y + \cos(\mathrm{N}_2, z)\,\delta z]\, d\sigma
\end{aligned}
$$

$$+\mathbf{S}\frac{1}{\mathfrak{M}_2}\frac{d\,\mathfrak{F}_2(\mathfrak{M}_2)}{d\mathfrak{M}_2}\Big[\quad \mathcal{A}_2\left(\frac{\partial\mathcal{A}_2}{\partial x}\delta x+\frac{\partial\mathcal{A}_2}{\partial y}\delta y+\frac{\partial\mathcal{A}_2}{\partial z}\delta z\right)$$
$$+\mathcal{B}_2\left(\frac{\partial\mathcal{B}_2}{\partial x}\delta x+\frac{\partial\mathcal{B}_2}{\partial y}\delta y+\frac{\partial\mathcal{B}_2}{\partial z}\delta z\right)$$
$$+\mathcal{C}_2\left(\frac{\partial\mathcal{C}_2}{\partial x}\delta x+\frac{\partial\mathcal{C}_2}{\partial y}\delta y+\frac{\partial\mathcal{C}_2}{\partial z}\delta z\right)\Big]$$
$$\times[\cos(N_2,x)\,\delta x+\cos(N_2,y)\,\delta y+\cos(N_2,z)\,\delta z]\,d\sigma=0.$$

On peut retrancher du premier membre de l'égalité (19) le premier membre de cette dernière égalité. Alors, au lieu de chercher à interpréter la signification des termes (7), (8) et (9) de l'égalité (19), on est amené à chercher la signification de la quantité suivante

$$(20)\quad -h\mathbf{S}\Big[\quad \mathcal{A}_2\left(\frac{\partial^2\mathcal{V}_1}{\partial x_2^2}\delta x+\frac{\partial^2\mathcal{V}_1}{\partial x_2\,\partial y_2}\delta y+\frac{\partial^2\mathcal{V}_1}{\partial x_2\,\partial z_2}\delta z\right)$$
$$+\mathcal{B}_2\left(\frac{\partial^2\mathcal{V}_1}{\partial y_2\,\partial x_2}\delta x+\frac{\partial^2\mathcal{V}_1}{\partial y_2^2}\delta y+\frac{\partial^2\mathcal{V}_1}{\partial y_2\,\partial z_2}\delta z\right)$$
$$+\mathcal{C}_2\left(\frac{\partial^2\mathcal{V}_1}{\partial z_2\,\partial x_2}\delta x+\frac{\partial^2\mathcal{V}_1}{\partial z_2\,\partial y_2}\delta y+\frac{\partial^2\mathcal{V}_1}{\partial z_2^2}\delta z\right)\Big]$$
$$\times[\cos(N_2,x)\,\delta x+\cos(N_2,y)\,\delta y+\cos(N_2,z)\,\delta z]\,d\sigma$$
$$-h\mathbf{S}\Big[\quad \frac{\partial\mathcal{V}_1}{\partial x_2}\left(\frac{\partial\mathcal{A}_2}{\partial x}\delta x+\frac{\partial\mathcal{A}_2}{\partial y}\delta y+\frac{\partial\mathcal{A}_2}{\partial z}\delta z\right)$$
$$+\frac{\partial\mathcal{V}_1}{\partial y_2}\left(\frac{\partial\mathcal{B}_2}{\partial x}\delta x+\frac{\partial\mathcal{B}_2}{\partial y}\delta y+\frac{\partial\mathcal{B}_2}{\partial z}\delta z\right)$$
$$+\frac{\partial\mathcal{V}_1}{\partial z_2}\left(\frac{\partial\mathcal{C}_2}{\partial x}\delta x+\frac{\partial\mathcal{C}_2}{\partial y}\delta y+\frac{\partial\mathcal{C}_2}{\partial z}\delta z\right)\Big]$$
$$\times[\cos(N_2,x)\,\delta x+\cos(N_2,y)\,\delta y+\cos(N_2,z)\,\delta z]\,d\sigma$$
$$-\mathbf{S}\frac{1}{\mathfrak{M}_2}\frac{d\,\mathfrak{F}_2(\mathfrak{M}_2)}{d\mathfrak{M}_2}\Big[\quad \mathcal{A}_2\left(\frac{\partial\mathcal{A}_2}{\partial x}\delta x+\frac{\partial\mathcal{A}_2}{\partial y}\delta y+\frac{\partial\mathcal{A}_2}{\partial z}\delta z\right)$$
$$+\mathcal{B}_2\left(\frac{\partial\mathcal{B}_2}{\partial x}\delta x+\frac{\partial\mathcal{B}_2}{\partial y}\delta y+\frac{\partial\mathcal{B}_2}{\partial z}\delta z\right)$$
$$+\mathcal{C}_2\left(\frac{\partial\mathcal{C}_2}{\partial x}\delta x+\frac{\partial\mathcal{C}_2}{\partial y}\delta y+\frac{\partial\mathcal{C}_2}{\partial z}\delta z\right)\Big]$$
$$\times[\cos(N_2,x)\,\delta x+\cos(N_2,y)\,\delta y+\cos(N_2,z)\,\delta z]\,d\sigma.$$

Imaginons que l'on supprime le milieu magnétique 2 et que l'on remplace le corps 3 par une masse du fluide 2 occupant le même volume. Imaginons que l'on donne à cette masse une translation δx, δy, δz, l'aimantation étant sans cesse déterminée sur cette masse par les égalités (17). Il est aisé de voir qu'en négligeant les termes de l'ordre de $[F_2(\mathfrak{M}_2)]^2$, la variation du potentiel thermodynamique interne du système a pour valeur

$$\begin{aligned}\delta\mathcal{F}_1 = h \mathbf{S}\left(\mathcal{A}_2 \frac{\partial \mathcal{V}_1}{\partial x} + \mathcal{B}_2 \frac{\partial \mathcal{V}_1}{\partial y} + \mathcal{C}_2 \frac{\partial \mathcal{V}_1}{\partial z}\right)\\ \times [\cos(N_2, x)\delta x + \cos(N_2, y)\delta y + \cos(N_2, z)\delta z]\, d\sigma\\ + h \mathbf{S}\, \mathcal{F}_2(\mathfrak{M}_2)[\cos(N_2, x)\delta x + \cos(N_2, y)\delta y + \cos(N_2, z)\delta z]\, d\sigma.\end{aligned}$$

On voit alors immédiatement que la quantité (20) est égale à la variation changée de signe de cette quantité, ou à $-\delta^2\mathcal{F}_1$.

Or nous pouvons trouver autrement l'expression approchée de $\delta^2\mathcal{F}_1$ dont nous avons besoin.

Posons, pour abréger,

$$\Delta\mathcal{A}_2 = \frac{\partial \mathcal{A}_2}{\partial x}\delta x + \frac{\partial \mathcal{A}_2}{\partial y}\delta y + \frac{\partial \mathcal{A}_2}{\partial z}\delta z,$$

$$\Delta\mathcal{B}_2 = \frac{\partial \mathcal{B}_2}{\partial x}\delta x + \frac{\partial \mathcal{B}_2}{\partial y}\delta y + \frac{\partial \mathcal{B}_2}{\partial z}\delta z,$$

$$\Delta\mathcal{C}_2 = \frac{\partial \mathcal{C}_2}{\partial x}\delta x + \frac{\partial \mathcal{C}_2}{\partial y}\delta y + \frac{\partial \mathcal{C}_2}{\partial z}\delta z,$$

en remarquant que ces quantités sont, par rapport à δx, δy, δz, de l'ordre de $F_2(\mathfrak{M}_2)$. Il est facile de voir que nous aurons

$$\begin{aligned}\delta\mathcal{F}_1 = h\,\delta x \int\left(\mathcal{A}_2 \frac{\partial^2 \mathcal{V}_1}{\partial x_3^2} + \mathcal{B}_2 \frac{\partial^2 \mathcal{V}_1}{\partial y_3 \partial x_3} + \mathcal{C}_2 \frac{\partial^2 \mathcal{V}_1}{\partial z_3 \partial x_3}\right) dv_3\\ + h\,\delta y \int\left(\mathcal{A}_2 \frac{\partial^2 \mathcal{V}_1}{\partial x_3 \partial y_3} + \mathcal{B}_2 \frac{\partial^2 \mathcal{V}_1}{\partial y_3^2} + \mathcal{C}_2 \frac{\partial^2 \mathcal{V}_1}{\partial z_3 \partial y_3}\right) dv_3\\ + h\,\delta z \int\left(\mathcal{A}_2 \frac{\partial^2 \mathcal{V}_1}{\partial x_3 \partial z_3} + \mathcal{B}_2 \frac{\partial^2 \mathcal{V}_1}{\partial y_3 \partial z_3} + \mathcal{C}_3 \frac{\partial^2 \mathcal{V}_1}{\partial z_3^2}\right) dv_3\\ + h \int\left(\frac{\partial \mathcal{V}_1}{\partial x_3}\Delta\mathcal{A}_2 + \frac{\partial \mathcal{V}_1}{\partial y_3}\Delta\mathcal{B}_2 + \frac{\partial \mathcal{V}_1}{\partial z_3}\Delta\mathcal{C}_2\right) dv_3\\ + \int \frac{1}{\mathfrak{M}_2}\frac{dF_2(\mathfrak{M}_2)}{d\mathfrak{M}_2}(\mathcal{A}_2\Delta\mathcal{A}_2 + \mathcal{B}_2\Delta\mathcal{B}_2 + \mathcal{C}_2\Delta\mathcal{C}_2)\, dv_3\end{aligned}$$

et, par conséquent,

$$
\begin{aligned}
(21)\quad \delta^2 \mathcal{F}_1 = {} & h\,\delta x^2 \int\left(\mathcal{A}_2 \frac{\partial^3 \mathcal{V}_1}{\partial x_3^3} + \mathcal{B}_2 \frac{\partial^3 \mathcal{V}_1}{\partial x_3^2 \partial y_3} + \mathcal{C}_2 \frac{\partial^3 \mathcal{V}_1}{\partial x_3^2 \partial z_3}\right) dv_3 && (1)\\
& + h\,\delta y^2 \int\left(\mathcal{A}_2 \frac{\partial^3 \mathcal{V}_1}{\partial x_3 \partial y_3^2} + \mathcal{B}_2 \frac{\partial^3 \mathcal{V}_1}{\partial y_3^3} + \mathcal{C}_2 \frac{\partial^3 \mathcal{V}_2}{\partial y_3^2 \partial z_3}\right) dv_3 && (2)\\
& + h\,\delta z^2 \int\left(\mathcal{A}_2 \frac{\partial^3 \mathcal{V}_1}{\partial x_3 \partial z_3^2} + \mathcal{B}_2 \frac{\partial^3 \mathcal{V}_1}{\partial y_3 \partial z_3^2} + \mathcal{C}_2 \frac{\partial^3 \mathcal{V}_1}{\partial z_3^3}\right) dv_3 && (3)\\
& + 2h\,\delta y\,\delta z \int\left(\mathcal{A}_2 \frac{\partial^3 \mathcal{V}_1}{\partial x_3 \partial y_3 \partial z_3} + \mathcal{B}_2 \frac{\partial^3 \mathcal{V}_1}{\partial y_3^2 \partial z_3} + \mathcal{C}_2 \frac{\partial^3 \mathcal{V}_1}{\partial y_3 \partial z_3^2}\right) dv_3 && (4)\\
& + 2h\,\delta z\,\delta x \int\left(\mathcal{A}_2 \frac{\partial^3 \mathcal{V}_1}{\partial x_3^2 \partial z_3} + \mathcal{B}_2 \frac{\partial^3 \mathcal{V}_1}{\partial x_3 \partial y_3 \partial z_3} + \mathcal{C}_2 \frac{\partial^3 \mathcal{V}_1}{\partial x_3 \partial z_3^2}\right) dv_3 && (5)\\
& + 2h\,\delta x\,\delta y \int\left(\mathcal{A}_2 \frac{\partial^3 \mathcal{V}_1}{\partial x_3^2 \partial y_3} + \mathcal{B}_2 \frac{\partial^3 \mathcal{V}_1}{\partial x_3 \partial y_3^2} + \mathcal{C}_2 \frac{\partial^3 \mathcal{V}_1}{\partial x_3 \partial y_3 \partial z_3}\right) dv_3 && (6)\\
& + 2h\,\delta x \int\left(\frac{\partial^2 \mathcal{V}_1}{\partial x_3^2}\,\Delta\mathcal{A}_2 + \frac{\partial^2 \mathcal{V}_1}{\partial y_3 \partial x_3}\,\Delta\mathcal{B}_2 + \frac{\partial^2 \mathcal{V}_1}{\partial z_3 \partial x_3}\,\Delta\mathcal{C}_2\right) dv_3 && (7)\\
& + 2h\,\delta y \int\left(\frac{\partial^2 \mathcal{V}_1}{\partial x_3 \partial y_3}\,\Delta\mathcal{A}_2 + \frac{\partial^2 \mathcal{V}_1}{\partial y_3^2}\,\Delta\mathcal{B}_2 + \frac{\partial^2 \mathcal{V}_1}{\partial z_3 \partial y_3}\,\Delta\mathcal{C}_2\right) dv_3 && (8)\\
& + 2h\,\delta z \int\left(\frac{\partial^2 \mathcal{V}_1}{\partial x_3 \partial z_3}\,\Delta\mathcal{A}_2 + \frac{\partial^2 \mathcal{V}_1}{\partial y_3 \partial z_3}\,\Delta\mathcal{B}_2 + \frac{\partial^2 \mathcal{V}_1}{\partial z_3^2}\,\Delta\mathcal{C}_2\right) dv_3 && (9)\\
& + h \int\left(\frac{\partial \mathcal{V}_1}{\partial x_3}\,\Delta^2\mathcal{A}_2 + \frac{\partial \mathcal{V}_1}{\partial y_3}\,\Delta^2\mathcal{B}_2 + \frac{\partial \mathcal{V}_1}{\partial z_3}\,\Delta^2\mathcal{C}_2\right) dv_3 && (10)\\
& + \int \frac{1}{\mathfrak{M}_2} \frac{dF_2(\mathfrak{M}_2)}{d\mathfrak{M}_2} (\mathcal{A}_2 \Delta^2 \mathcal{A}_2 + \mathcal{B}_2 \Delta^2 \mathcal{B}_2 + \mathcal{C}_2 \Delta^2 \mathcal{C}_2)\, dv_3 && (11)\\
& + \int \frac{1}{\mathfrak{M}_2} \frac{dF_2(\mathfrak{M}_2)}{d\mathfrak{M}_2} [(\Delta\mathcal{A}_2)^2 + (\Delta\mathcal{B}_2)^2 + (\Delta\mathcal{C}_2)^2]\, dv_3 && (12)\\
& + \int \frac{1}{\mathfrak{M}_2} \frac{d}{d\mathfrak{M}_2} \left[\frac{1}{\mathfrak{M}_2} \frac{(dF_2 \mathfrak{M}_2)}{d\mathfrak{M}_2}\right] && \\
& \qquad + [\mathcal{A}_2 \Delta\mathcal{A}_2 + \mathcal{B}_2 \Delta\mathcal{B}_2 + \mathcal{C}_2 \Delta\mathcal{C}_2]^2\, dv_3. && (13)
\end{aligned}
$$

Les égalités (17) signifient que l'on a

$$
\begin{aligned}
& h\int\left(\frac{\partial \mathcal{V}_1}{\partial x_2}\,\delta\mathcal{A}_2 + \frac{\partial \mathcal{V}_1}{\partial y_2}\,\delta\mathcal{B}_2 + \frac{\partial \mathcal{V}_1}{\partial z_2}\,\delta\mathcal{C}_2\right) dv_3 \\
& \quad + \int \frac{1}{\mathfrak{M}_2} \frac{d\mathcal{F}_2(\mathfrak{M}_2)}{d\mathfrak{M}_2} [\mathcal{A}_2\,\delta\mathcal{A}_2 + \mathcal{B}_2\,\delta\mathcal{B}_2 + \mathcal{C}_2\,\delta\mathcal{C}_2]\, dv_3 = 0,
\end{aligned}
$$

quels que soient $\delta\mathcal{A}_2$, $\delta\mathcal{B}_2$, $\delta\mathcal{C}_2$.

Cette égalité doit avoir lieu encore après la translation δx, δy, δz, donnée à la masse du fluide 2.

On doit donc avoir

$$
\begin{aligned}
& h\,\delta x \int \left(\frac{\partial^2 \mathcal{V}_1}{\partial x_2^2}\,\delta\mathcal{A}_2 + \frac{\partial^2 \mathcal{V}_1}{\partial y_2\,\partial x_2}\,\delta\mathcal{B}_2 + \frac{\partial^2 \mathcal{V}_1}{\partial z_2\,\partial x_2}\,\delta\mathcal{C}_2 \right) dv_3 \\
& + h\,\delta y \int \left(\frac{\partial^2 \mathcal{V}_1}{\partial x_2\,\partial y_2}\,\delta\mathcal{A}_2 + \frac{\partial^2 \mathcal{V}_1}{\partial y_2^2}\,\delta\mathcal{B}_2 + \frac{\partial^2 \mathcal{V}_1}{\partial z_2\,\partial y_2}\,\delta\mathcal{C}_2 \right) dv_3 \\
& + h\,\delta z \int \left(\frac{\partial^2 \mathcal{V}_1}{\partial x_2\,\partial z_2}\,\delta\mathcal{A}_2 + \frac{\partial^2 \mathcal{V}_1}{\partial y_2\,\partial z_2}\,\delta\mathcal{B}_2 + \frac{\partial^2 \mathcal{V}_1}{\partial z_2^2}\,\delta\mathcal{C}_2 \right) dv_3 \\
& + \int \frac{1}{\mathfrak{M}_2}\,\frac{d\,\mathscr{F}_2(\mathfrak{M}_2)}{d\mathfrak{M}_2}\,[\Delta\mathcal{A}_2\,\delta\mathcal{A}_2 + \Delta\mathcal{B}_2\,\delta\mathcal{B}_2 + \Delta\mathcal{C}_2\,\delta\mathcal{C}_2]\,dv_3 \\
& + \int \frac{1}{\mathfrak{M}_2}\,\frac{d}{d\mathfrak{M}_2}\left[\frac{1}{\mathfrak{M}_2}\,\frac{d\,\mathscr{F}_2(\mathfrak{M}_2)}{d\mathfrak{M}_2}\right] \\
& \qquad \times [\mathcal{A}_2\,\Delta\mathcal{A}_2 + \mathcal{B}_2\,\Delta\mathcal{B}_2 + \mathcal{C}_2\,\Delta\mathcal{C}_2]\,[\mathcal{A}_2\,\delta\mathcal{A}_2 + \mathcal{B}_2\,\delta\mathcal{B}_2 + \mathcal{C}_2\,\delta\mathcal{C}_2]\,dv_3 = 0
\end{aligned}
$$

quels que soient $\delta\mathcal{A}_2$, $\delta\mathcal{B}_2$, $\delta\mathcal{C}_2$.

Cette égalité doit avoir lieu en particulier si l'on fait

$$\delta\mathcal{A}_2 = \Delta\mathcal{A}_2, \qquad \delta\mathcal{B}_2 = \Delta\mathcal{B}_2, \qquad \delta\mathcal{C}_2 = \Delta\mathcal{C}_2.$$

On voit alors que l'ensemble des termes (7), (8), (9), (12), (13) de l'égalité (21) peut être remplacé par

$$
\begin{aligned}
& -\int \frac{1}{\mathfrak{M}_2}\,\frac{d\,\mathscr{F}_2(\mathfrak{M}_2)}{d\mathfrak{M}_2}\,[(\Delta\mathcal{A}_2)^2 + (\Delta\mathcal{B}_2)^2 + (\Delta\mathcal{C}_2)^2]\,dv_3 \\
& -\int \frac{1}{\mathfrak{M}_2}\,\frac{d}{d\mathfrak{M}_2}\left[\frac{1}{\mathfrak{M}_2}\,\frac{d\,\mathscr{F}_2(\mathfrak{M}_2)}{d\mathfrak{M}_2}\right][\mathcal{A}_2\,\Delta\mathcal{A}_2 + \mathcal{B}_2\,\Delta\mathcal{B}_2 + \mathcal{C}_2\,\Delta\mathcal{C}_2]^2\,dv_3.
\end{aligned}
$$

D'autre part, les égalités (17), jointes à l'égalité

$$F_2(\mathfrak{M}_2) = \frac{\mathfrak{M}_2}{\dfrac{d\,\mathscr{F}_2(\mathfrak{M}_2)}{d\mathfrak{M}_2}},$$

montrent que les termes (10) et (11) de l'égalité (21) se détruisent. Il reste donc

$$
\begin{aligned}
(22)\quad \delta^2\mathscr{F}_1 = \; & h\,\delta x^2 \int \left(\mathcal{A}_2\,\frac{\partial^3 \mathcal{V}_1}{\partial x_3^3} + \mathcal{B}_2\,\frac{\partial^3 \mathcal{V}_1}{\partial x_3^2\,\partial y_3} + \mathcal{C}_2\,\frac{\partial^3 \mathcal{V}_1}{\partial x_3^2\,\partial z_3} \right) dv_3 \\
+ \; & h\,\delta y^2 \int \left(\mathcal{A}_2\,\frac{\partial^3 \mathcal{V}_1}{\partial y_3^2\,\partial x_3} + \mathcal{B}_2\,\frac{\partial^3 \mathcal{V}_1}{\partial y_3^3} + \mathcal{C}_2\,\frac{\partial^3 \mathcal{V}_1}{\partial y_3^2\,\partial z_3} \right) dv_3 \\
+ \; & h\,\delta z^2 \int \left(\mathcal{A}_2\,\frac{\partial^3 \mathcal{V}_1}{\partial x_3\,\partial z_3^2} + \mathcal{B}_2\,\frac{\partial^3 \mathcal{V}_1}{\partial y_3\,\partial z_3^2} + \mathcal{C}_2\,\frac{\partial^3 \mathcal{V}_1}{\partial z_3^3} \right) dv_3 \\
+ \; & 2h\,\delta y\,\delta z \int \left(\mathcal{A}_2\,\frac{\partial^3 \mathcal{V}_1}{\partial x_3\,\partial y_3\,\partial z_3} + \mathcal{B}_2\,\frac{\partial^3 \mathcal{V}_1}{\partial y_3^2\,\partial z_3} + \mathcal{C}_2\,\frac{\partial^3 \mathcal{V}_1}{\partial y_3\,\partial z_3^2} \right) dv_3
\end{aligned}
$$

(22) (suite)
$$+ 2h\,\delta z\,\delta x \int\left(\mathcal{A}_2 \frac{\partial^3 \mathcal{V}_1}{\partial x_3^2\,\partial z_3} + \mathcal{B}_2 \frac{\partial^3 \mathcal{V}_1}{\partial x_3\,\partial y_3\,\partial z_3} + \mathcal{C}_2 \frac{\partial^3 \mathcal{V}_1}{\partial x_3\,\partial z_3^2}\right) dv_3$$
$$+ 2h\,\delta x\,\delta y \int\left(\mathcal{A}_2 \frac{\partial^3 \mathcal{V}_1}{\partial x_3^2\,\partial y_3} + \mathcal{B}_2 \frac{\partial^3 \mathcal{V}_1}{\partial x_3\,\partial y_3^2} + \mathcal{C}_2 \frac{\partial^3 \mathcal{V}_1}{\partial x_3\,\partial y_3\,\partial z_3}\right) dv_3$$
$$- \int \frac{1}{\mathfrak{M}_2} \frac{d\mathcal{F}_2(\mathfrak{M}_2)}{d\mathfrak{M}_2} [(\Delta\mathcal{A}_2)^2 + (\Delta\mathcal{B}_2)^2 + (\Delta\mathcal{C}_2)^2]\, dv_3$$
$$- \int \frac{1}{\mathfrak{M}_2} \frac{d}{d\mathfrak{M}_2}\left[\frac{1}{\mathfrak{M}_2} \frac{d\mathcal{F}_2(\mathfrak{M}_2)}{d\mathfrak{M}_2}\right] [\mathcal{A}_2\Delta\mathcal{A}_2 + \mathcal{B}_2\Delta\mathcal{B}_2 + \mathcal{C}_2\Delta\mathcal{C}_2]^2\, dv_3.$$

Moyennant cette expression (22) de $\delta^2\mathcal{F}_1$, l'expression de $\delta^2\mathcal{F}$ va devenir

(23)
$$\delta^2\mathcal{F} = h\,\delta x^2 \int\left[(\mathcal{A}_3 - \mathcal{A}_2) \frac{\partial^3 \mathcal{V}_1}{\partial x_3^3} + (\mathcal{B}_3 - \mathcal{B}_2) \frac{\partial^3 \mathcal{V}_1}{\partial x_3^2\,\partial y_3} + (\mathcal{C}_3 - \mathcal{C}_2) \frac{\partial^3 \mathcal{V}_1}{\partial x_3^2\,\partial z_3}\right] dv_3 \quad (1)$$
$$+ h\,\delta y^2 \int\left[(\mathcal{A}_3 - \mathcal{A}_2) \frac{\partial^3 \mathcal{V}_1}{\partial y_3^2\,\partial x_3} + (\mathcal{B}_3 - \mathcal{B}_2) \frac{\partial^3 \mathcal{V}_1}{\partial y_3^3} + (\mathcal{C}_3 - \mathcal{C}_2) \frac{\partial^3 \mathcal{V}_1}{\partial y_3^2\,\partial z_3}\right] dv_3 \quad (2)$$
$$+ h\,\delta z^2 \int\left[(\mathcal{A}_3 - \mathcal{A}_2) \frac{\partial^3 \mathcal{V}_1}{\partial x_3\,\partial z_3^2} + (\mathcal{B}_3 - \mathcal{B}_2) \frac{\partial^3 \mathcal{V}_1}{\partial y_3\,\partial z_3^2} + (\mathcal{C}_3 - \mathcal{C}_2) \frac{\partial^3 \mathcal{V}_1}{\partial z_3^3}\right] dv_3 \quad (3)$$
$$+ 2h\,\delta y\,\delta z \int\left[(\mathcal{A}_3 - \mathcal{A}_2) \frac{\partial^3 \mathcal{V}_1}{\partial x_3\,\partial y_3\,\partial z_3} + (\mathcal{B}_3 - \mathcal{B}_2) \frac{\partial^3 \mathcal{V}_1}{\partial y_3^2\,\partial z_3} + (\mathcal{C}_3 - \mathcal{C}_2) \frac{\partial^3 \mathcal{V}_1}{\partial y_3\,\partial z_3^2}\right] dv_3 \quad (4)$$
$$+ 2h\,\delta z\,\delta x \int\left[(\mathcal{A}_3 - \mathcal{A}_2) \frac{\partial^3 \mathcal{V}_1}{\partial x_3^2\,\partial z_3} + (\mathcal{B}_3 - \mathcal{B}_2) \frac{\partial^3 \mathcal{V}_1}{\partial x_3\,\partial y_3\,\partial z_3} + (\mathcal{C}_3 - \mathcal{C}_2) \frac{\partial^3 \mathcal{V}_1}{\partial x_3\,\partial z_3^2}\right] dv_3 \quad (5)$$
$$+ 2h\,\delta x\,\delta y \int\left[(\mathcal{A}_3 - \mathcal{A}_2) \frac{\partial^3 \mathcal{V}_1}{\partial x_3^2\,\partial y_3} + (\mathcal{B}_3 - \mathcal{B}_2) \frac{\partial^3 \mathcal{V}_1}{\partial x_3\,\partial y_3^2} + (\mathcal{C}_3 - \mathcal{C}_2) \frac{\partial^3 \mathcal{V}_1}{\partial x_3\,\partial y_3\,\partial z_3}\right] dv_3 \quad (6).$$
$$+ \int \frac{1}{\mathfrak{M}_2} \frac{d\mathcal{F}_2(\mathfrak{M}_2)}{d\mathfrak{M}_2} [(\Delta\mathcal{A}_2)^2 + (\Delta\mathcal{B}_2)^2 + (\Delta\mathcal{C}_2)^2]\, dv_3 \quad (7)$$
$$+ \int \frac{1}{\mathfrak{M}_2} \frac{d}{d\mathfrak{M}_2}\left[\frac{1}{\mathfrak{M}_2} \frac{d\mathcal{F}_2(\mathfrak{M}_2)}{d\mathfrak{M}_2}\right] [\mathcal{A}_2\Delta\mathcal{A}_2 + \mathcal{B}_2\Delta\mathcal{B}_2 + \mathcal{C}_2\Delta\mathcal{C}_2]^2\, dv_3 \quad (8)$$

Cette expression (23) de $\delta^2 \mathcal{F}$ s'interprète aisément.

L'ensemble des termes (1), (2), (3), (4), (5), (6) de cette expression représente la variation seconde du potentiel thermodynamique interne d'un système formé seulement par les aimants permanents et par une masse magnétique remplissant le volume du corps (3) et ayant pour coefficient d'aimantation

$$F_3(\mathfrak{M}_3) - F_2(\mathfrak{M}_2),$$

lorsqu'on donne à cette masse une translation δx, δy, δz, durant laquelle son magnétisme demeure rigide.

Les termes (7) et (8) représentent, d'après l'égalité (6), le terme principal de la variation seconde du potentiel thermodynamique interne d'un système formé par les aimants permanents et une masse du fluide (2) remplaçant le volume du corps (3), lorsque l'aimantation de ce corps varie de $\Delta\mathcal{A}_2$, $\Delta\mathcal{B}_2$, $\Delta\mathcal{C}_2$, sa position demeurant fixe.

La première partie, représentée par les termes (1), (2), (3), (4), (5), (6), ne peut être positive pour toute translation. Pour le prouver, il suffit de remarquer que la somme des coefficients de δx^2, δy^2, δz^2 peut s'écrire

$$h\int\left[(\mathcal{A}_2-\mathcal{A}_3)\frac{\partial}{\partial x_3}\Delta\mathcal{V}_1+(\mathcal{B}_2-\mathcal{B}_3)\frac{\partial}{\partial y_3}\Delta\mathcal{V}_1+(\mathcal{C}_2-\mathcal{C}_3)\frac{\partial}{\partial z_3}\Delta\mathcal{V}_1\right]dv_3.$$

Or, à l'intérieur du corps 3, on a constamment

$$\Delta\mathcal{V}_1 = 0$$

et, par conséquent,

$$\frac{\partial}{\partial x_3}\Delta\mathcal{V}_1 = 0, \qquad \frac{\partial}{\partial y_3}\Delta\mathcal{V}_1 = 0, \qquad \frac{\partial}{\partial z_3}\Delta\mathcal{V}_1 = 0.$$

La somme en question est donc égale à 0.

L'ensemble des termes (7) et (8) peut s'écrire

$$\int\frac{1}{F_2(\mathfrak{M}_2)}[(\Delta\mathcal{A}_2)^2+(\Delta\mathcal{B}_2)^2+(\Delta\mathcal{C}_2)^2]\,dv_3$$
$$-\int\frac{1}{\mathfrak{M}_2}\,\frac{1}{[F_2(\mathfrak{M}_2)]^2}\,\frac{dF_2(\mathfrak{M}_2)}{d\mathfrak{M}_2}[\mathcal{A}_2\,\Delta\mathcal{A}_2+\mathcal{B}_2\,\Delta\mathcal{B}_2+\mathcal{C}_2\,\Delta\mathcal{C}_2]^2\,dv_3.$$

Si la fonction magnétisante du corps 2 est indépendante de l'aimantation, décroissante lorsque l'aimantation croît, ou faiblement croissante avec l'aimantation, cette quantité est essentiellement positive.

Donc, *en étudiant les translations d'une masse peu magnétique, plongée dans un milieu peu magnétique, qui laisse rigide le magnétisme de la masse, nous ne pouvons rien prévoir sur la stabilité ou l'instabilité d'équilibre de cette masse.*

Supposons maintenant que, pendant la translation de la masse, son aimantation, au lieu de demeurer rigide, varie de manière à vérifier constamment les équations d'équilibre

$$\mathcal{A}_3 = -\mathrm{F}_3(\mathfrak{M}_3)\frac{\partial(\mathcal{V}_1+\mathcal{V}_2+\mathcal{V}_3)}{\partial x_3},$$
$$\mathcal{B}_3 = -\mathrm{F}_3(\mathfrak{M}_3)\frac{\partial(\mathcal{V}_1+\mathcal{V}_2+\mathcal{V}_3)}{\partial y_3},$$
$$\mathcal{C}_3 = -\mathrm{F}_3(\mathfrak{M}_3)\frac{\partial(\mathcal{V}_1+\mathcal{V}_2+\mathcal{V}_3)}{\partial z_3}.$$

Cherchons l'expression de $\delta^2\mathcal{F}$.

Au lieu de calculer la valeur générale de cette expression et de la simplifier ensuite par l'hypothèse que le corps et le milieu sont peu magnétiques, nous ferons de prime abord cette hypothèse.

Elle réduit les conditions d'équilibre précédentes à la forme

$$(24)\qquad \left\{\begin{aligned}\mathcal{A}_3 &= -\mathrm{F}_3(\mathfrak{M}_3)\frac{\partial\mathcal{V}_1}{\partial x_3},\\ \mathcal{B}_3 &= -\mathrm{F}_3(\mathfrak{M}_3)\frac{\partial\mathcal{V}_1}{\partial y_3},\\ \mathcal{C}_3 &= -\mathrm{F}_3(\mathfrak{M}_3)\frac{\partial\mathcal{V}_1}{\partial z_3}.\end{aligned}\right.$$

Moyennant cette hypothèse, on voit aisément que la variation première de $\mathcal{F}$ est la suivante :

$$\left.\begin{aligned}\delta\mathcal{F} = -h\,\mathrm{S}\Big(&\mathcal{A}_3\frac{\partial\mathcal{V}_1}{\partial x_3}+\mathcal{B}_3\frac{\partial\mathcal{V}_1}{\partial y_3}+\mathcal{C}_3\frac{\partial\mathcal{V}_1}{\partial z_3}\Big)\\ &\times[\cos(\mathrm{N}_2,x)\delta x+\cos(\mathrm{N}_2,y)\delta y+\cos(\mathrm{N}_2,z)\delta z]\,d\sigma\end{aligned}\right\}\ (1)$$

$$-h\,\mathrm{S}\,\mathcal{F}_3(\mathfrak{M}_3)[\cos(\mathrm{N}_2,x)\delta x+\cos(\mathrm{N}_2,y)\delta y+\cos(\mathrm{N}_2,z)\delta z]\,d\sigma\qquad(2)$$

$$\left.\begin{aligned}-h\,\mathrm{S}\Big(&\mathcal{A}_2\frac{\partial\mathcal{V}_1}{\partial x_2}+\mathcal{B}_2\frac{\partial\mathcal{V}_1}{\partial y_2}+\mathcal{C}_2\frac{\partial\mathcal{V}_1}{\partial z_2}\Big)\\ &\times[\cos(\mathrm{N}_2,x)\delta x+\cos(\mathrm{N}_2,y)\delta y+\cos(\mathrm{N}_2,z)\delta z]\,d\sigma\end{aligned}\right\}\ (3)$$

$$-h\,\mathrm{S}\,\mathcal{F}_2(\mathfrak{M}_2)[\cos(\mathrm{N}_2,x)\delta x+\cos(\mathrm{N}_2,y)\delta y+\cos(\mathrm{N}_2,z)\delta z]\,\delta\sigma\qquad(4)$$

En faisant subir d'une part à l'ensemble des termes (1) et (2), d'autre part à l'ensemble des termes (3) et (4), les transformations que, dans ce qui précède, nous avons fait subir à la quantité $\delta\mathcal{F}_1$, nous trouverons sans peine

$$
(25)\quad
\begin{aligned}
\delta^2\mathcal{F} = {} & h\,\delta x^2 \int\Big[(\mathcal{A}_3-\mathcal{A}_2)\frac{\partial^3\mathcal{V}_1}{\partial x_3^3}+(\mathcal{B}_3-\mathcal{B}_2)\frac{\partial^3\mathcal{V}_1}{\partial x_3^2\,\partial y_3}+(\mathcal{C}_3-\mathcal{C}_2)\frac{\partial^3\mathcal{V}_1}{\partial x_3^2\,\partial z_3}\Big]dv_3 && (1)\\
&+h\,\delta y^2 \int\Big[(\mathcal{A}_3-\mathcal{A}_2)\frac{\partial^3\mathcal{V}_1}{\partial x_3\,\partial y_3^2}+(\mathcal{B}_3-\mathcal{B}_2)\frac{\partial^3\mathcal{V}_1}{\partial y_3^3}+(\mathcal{C}_3-\mathcal{C}_2)\frac{\partial^3\mathcal{V}_1}{\partial y_3^2\,\partial z_3}\Big]dv_3 && (2)\\
&+h\,\delta z^2 \int\Big[(\mathcal{A}_3-\mathcal{A}_2)\frac{\partial^3\mathcal{V}_1}{\partial x_3\,\partial z_3^2}+(\mathcal{B}_3-\mathcal{B}_2)\frac{\partial^3\mathcal{V}_1}{\partial y_3\,\partial z_3^2}+(\mathcal{C}_3-\mathcal{C}_2)\frac{\partial^3\mathcal{V}_1}{\partial z_3^3}\Big]dv_3 && (3)\\
&+2h\,\delta y\,\delta z \int\Big[(\mathcal{A}_3-\mathcal{A}_2)\frac{\partial^3\mathcal{V}_1}{\partial x_3\,\partial y_3\,\partial z_3}+(\mathcal{B}_3-\mathcal{B}_2)\frac{\partial^3\mathcal{V}_1}{\partial y_3^2\,\partial z_3}+(\mathcal{C}_3-\mathcal{C}_2)\frac{\partial^3\mathcal{V}_1}{\partial y_3\,\partial z_3^2}\Big]dv_3 && (4)\\
&+2h\,\delta z\,\delta x \int\Big[(\mathcal{A}_3-\mathcal{A}_2)\frac{\partial^3\mathcal{V}_1}{\partial x_3^2\,\partial z_3}+(\mathcal{B}_3-\mathcal{B}_2)\frac{\partial^3\mathcal{V}_1}{\partial x_3\,\partial y_3\,\partial z_3}+(\mathcal{C}_3-\mathcal{C}_2)\frac{\partial^3\mathcal{V}_1}{\partial x_3\,\partial z_3^2}\Big]dv_3 && (5)\\
&+2h\,\delta x\,\delta y \int\Big[(\mathcal{A}_3-\mathcal{A}_2)\frac{\partial^3\mathcal{V}_1}{\partial x_3^2\,\partial y_3}+(\mathcal{B}_3-\mathcal{B}_2)\frac{\partial^3\mathcal{V}_1}{\partial x_3\,\partial y_3^2}+(\mathcal{C}_3-\mathcal{C}_2)\frac{\partial^3\mathcal{V}_1}{\partial x_3\,\partial y_3\,\partial z_3}\Big]dv_3 && (6).\\
&-\int\frac{1}{\mathfrak{M}_3}\frac{d\mathcal{F}_3(\mathfrak{M}_3)}{d\mathfrak{M}_3}\big[(\Delta\mathcal{A}_3)^2+(\Delta\mathcal{B}_3)^2+(\Delta\mathcal{C}_3)^2\big]dv_3 && (7)\\
&-\int\frac{1}{\mathfrak{M}_3}\frac{d}{d\mathfrak{M}_3}\Big[\frac{1}{\mathfrak{M}_3}\frac{d\mathcal{F}_3(\mathfrak{M}_3)}{d\mathfrak{M}_3}\Big](\mathcal{A}_3\Delta\mathcal{A}_3+\mathcal{B}_3\Delta\mathcal{B}_3+\mathcal{C}_3\Delta\mathcal{C}_3)^2dv_3 && (8)\\
&+\int\frac{1}{\mathfrak{M}_2}\frac{d\mathcal{F}_2(\mathfrak{M}_2)}{d\mathfrak{M}_2}\big[(\Delta\mathcal{A}_2)^2+(\Delta\mathcal{B}_2)^2+(\Delta\mathcal{C}_2)^2\big]dv_3 && (9)\\
&+\int\frac{1}{\mathfrak{M}_2}\frac{d}{d\mathfrak{M}_2}\Big[\frac{1}{\mathfrak{M}_2}\frac{d\mathcal{F}_2(\mathfrak{M}_2)}{d\mathfrak{M}_2}\Big](\mathcal{A}_2\Delta\mathcal{A}_2+\mathcal{B}_2\Delta\mathcal{B}_2+\mathcal{C}_2\Delta\mathcal{C}_2)^2dv_3 && (10)
\end{aligned}
$$

Nous avons déjà vu que l'ensemble des termes (1), (2), (3),

(4), (5), (6), ne peut être positif pour toute translation. Étudions maintenant l'ensemble des termes (7), (8), (9), (10).

Supposons (c'est le seul cas intéressant) que les fonctions magnétisantes $F_2(\mathcal{M}_2)$, $F_3(\mathcal{M}_3)$ se réduisent sensiblement à des constantes k_2 et k_3. Les termes (8) et (10) s'évanouiront alors. Les égalités (17) et (24) deviendront

$$\mathcal{A}_2 = -k_2 \frac{\partial \mathcal{V}_1}{\partial x_3}, \qquad \mathcal{A}_3 = -k_3 \frac{\partial \mathcal{V}_1}{\partial x_3},$$

$$\mathcal{B}_2 = -k_2 \frac{\partial \mathcal{V}_1}{\partial y_3}, \qquad \mathcal{B}_3 = -k_3 \frac{\partial \mathcal{V}_1}{\partial y_3},$$

$$\mathcal{C}_2 = -k_2 \frac{\partial \mathcal{V}_1}{\partial z_3}, \qquad \mathcal{C}_3 = -k_3 \frac{\partial \mathcal{V}_1}{\partial z_3}.$$

Elles donnent

$$\Delta\mathcal{A}_2 = -k_2\left(\frac{\partial^2 \mathcal{V}_1}{\partial x_3^2}\,\delta x + \frac{\partial^2 \mathcal{V}_1}{\partial x_3\,\partial y_3}\,\delta y + \frac{\partial^2 \mathcal{V}_1}{\partial x_3\,\partial z_3}\,\delta z\right),$$

$$\Delta\mathcal{B}_2 = -k_2\left(\frac{\partial^2 \mathcal{V}_1}{\partial x_3\,\partial y_3}\,\delta x + \frac{\partial^2 \mathcal{V}_1}{\partial y_3^2}\,\delta y + \frac{\partial^2 \mathcal{V}_1}{\partial y_3\,\partial z_3}\,\delta z\right),$$

$$\Delta\mathcal{C}_2 = -k_2\left(\frac{\partial^2 \mathcal{V}_1}{\partial x_3\,\partial z_3}\,\delta x + \frac{\partial^2 \mathcal{V}_1}{\partial y_3\,\partial z_3}\,\delta y + \frac{\partial^2 \mathcal{V}_1}{\partial z_3^2}\,\delta z\right);$$

$$\Delta\mathcal{A}_3 = -k_3\left(\frac{\partial^2 \mathcal{V}_1}{\partial x_3^2}\,\delta x + \frac{\partial^2 \mathcal{V}_1}{\partial x_3\,\partial y_3}\,\delta y + \frac{\partial^2 \mathcal{V}_1}{\partial x_3\,\partial z_3}\,\delta z\right),$$

$$\Delta\mathcal{B}_3 = -k_3\left(\frac{\partial^2 \mathcal{V}_1}{\partial x_3\,\partial y_3}\,\delta x + \frac{\partial^2 \mathcal{V}_1}{\partial y_3^2}\,\delta y + \frac{\partial^2 \mathcal{V}_1}{\partial y_3\,\partial z_3}\,\delta z\right),$$

$$\Delta\mathcal{C}_3 = -k_3\left(\frac{\partial^2 \mathcal{V}_1}{\partial x_3\,\partial z_3}\,\delta x + \frac{\partial^2 \mathcal{V}_1}{\partial y_3\,\partial z_3}\,\delta y + \frac{\partial^2 \mathcal{V}_1}{\partial z_3^2}\,\delta z\right),$$

et l'ensemble des termes (7) et (9) devient

$$\begin{aligned}(k_2 - k_3)\int\Bigg[&\left(\frac{\partial^2 \mathcal{V}_1}{\partial x_3^2}\,\delta x + \frac{\partial^2 \mathcal{V}_1}{\partial x_3\,\partial y_3}\,\delta y + \frac{\partial^2 \mathcal{V}_1}{\partial x_3\,\partial z_3}\,\delta z\right)^2 \\ &+\left(\frac{\partial^2 \mathcal{V}_1}{\partial x_3\,\partial y_3}\,\delta x + \frac{\partial^2 \mathcal{V}_1}{\partial y_3^2}\,\delta y + \frac{\partial^2 \mathcal{V}_1}{\partial y_3\,\partial z_3}\,\delta z\right)^2 \\ &+\left(\frac{\partial^2 \mathcal{V}_1}{\partial x_3\,\partial z_3}\,\delta x + \frac{\partial^2 \mathcal{V}_1}{\partial y_3\,\partial z_3}\,\delta y + \frac{\partial^2 \mathcal{V}_1}{\partial z_3^2}\,\delta z\right)^2\Bigg]\,dv_3.\end{aligned}$$

Cette quantité est positive si k_2 est supérieur à k_3 et négative si k_2 est inférieur à k_3. Dans le premier cas, il y a assurément des translations pour lesquelles $\delta^2 \mathcal{F}$ n'est pas positif. On arrive donc à la conclusion suivante :

Un corps peu magnétique à coefficient d'aimantation peu variable est plongé dans un milieu peu magnétique à coefficient d'aimantation peu variable. Si le corps est plus magnétique que le milieu, il ne peut jamais, sous l'action d'aimants permanents, d'une force constante en grandeur et direction, et d'une pression normale et uniforme, prendre une position d'équilibre stable. Il peut se faire qu'il n'en soit plus de même si le corps est moins magnétique que le milieu, c'est-à-dire s'il est en apparence diamagnétique.

Cette conclusion générale s'accorde avec les conséquences que nous avions trouvées pour un très petit corps.

§ VII. — Chaleur dégagée par le déplacement d'une masse magnétique plongée dans un milieu magnétique.

Soit $\mathcal{F}$ le potentiel thermodynamique interne d'un système. Ce système est soumis à certaines forces extérieures. Dans une certaine transformation isothermique de ce système, les forces extérieures effectuent un certain travail $\delta\mathfrak{T}_e$. La force vive du système augmente de $\delta \sum \frac{mv^2}{2}$. La chaleur dégagée a pour valeur δQ. Si T est la température absolue, on a l'équation fondamentale

$$\text{E}\,\delta Q + \delta \sum \frac{mv^2}{2} = -\delta\left(\mathcal{F} - \text{T}\frac{\partial \mathcal{F}}{\partial \text{T}}\right) + \delta\mathfrak{T}_e. \tag{26}$$

De cette équation on peut déduire certaines conséquences. Imaginons que le système soit soustrait à l'action de toute force extérieure; qu'il soit primitivement au repos; qu'à la fin de la modification la force vive ait été entièrement transformée en chaleur; on a alors

$$\text{E}\,\delta Q = -\delta\left(\mathcal{F} - \text{T}\frac{\partial \mathcal{F}}{\partial \text{T}}\right). \tag{27}$$

C'est de cette équation qu'il faudra faire usage pour traiter le problème suivant :

Un corps parfaitement doux, non plongé dans un milieu

magnétique, est placé en présence d'aimants permanents. Des liens le maintiennent immobile. A un instant donné, on supprime les liens. Le corps se précipite vers les aimants permanents. Dans sa course, il rencontre un calorimètre où sa force vive vient s'amortir. Quelle est la quantité de chaleur cédée à ce calorimètre?

Nous avons traité ce problème dans notre *Théorie nouvelle de l'aimantation par influence* (p. 107).

Imaginons, au contraire, un système dans lequel il n'existe aucun frottement, aucune résistance passive. Pour un tel système, si l'on désigne par $\delta\mathfrak{G}_i$ le travail effectué par les forces extérieures, on aura

$$\delta \sum \frac{mv^2}{2} = \delta\mathfrak{G}_e + \delta\mathfrak{G}_i,$$

et l'équation (26) deviendra

$$\mathrm{E}\,\delta\mathrm{Q} = -\delta\left(\mathcal{F} - \mathrm{T}\,\frac{\partial\mathcal{F}}{\partial\mathrm{T}}\right) - \delta\mathfrak{G}_i. \tag{27}$$

Désignons par $\delta_1\mathcal{F}$ la variation que subirait le potentiel thermodynamique interne si les paramètres qui fixent la position des diverses parties du système variaient seuls, les autres paramètres, qui fixent leur état physique ou chimique demeurant invariables. Un principe fondamental donne

$$\delta\mathfrak{G}_i = -\delta_1\mathcal{F}.$$

L'égalité (27) devient donc

$$\mathrm{E}\,\delta\mathrm{Q} = -\delta\mathcal{F} + \delta_1\mathcal{F} + \mathrm{T}\,\delta\,\frac{\partial\mathcal{F}}{\partial\mathrm{T}}. \tag{28}$$

Cette égalité (28) peut encore se transformer.

Soit $\delta_2\mathcal{F}$ la variation que subirait le potentiel thermodynamique interne si les paramètres qui fixent l'état physique ou chimique des diverses parties du système variaient seuls. On a évidemment

$$\delta\mathcal{F} = \delta_1\mathcal{F} + \delta_2\mathcal{F},$$

et l'égalité (28) devient

$$\mathrm{E}\,\delta\mathrm{Q} = -\delta_2\mathcal{F} + \mathrm{T}\,\delta\,\frac{\partial\mathcal{F}}{\partial\mathrm{T}}. \tag{29}$$

Supposons maintenant que, dans le système étudié, les changements d'état physique et chimique se produisent assez rapidement pour qu'on puisse regarder l'état physique et chimique du système à chaque instant comme étant l'état d'équilibre auquel il parviendrait si on le maintenait dans la position qu'il occupe à cet instant. Cette supposition se traduira analytiquement par ce fait que l'on aura à tout instant

$$\delta_2 \mathfrak{F} = 0.$$

L'égalité (29) deviendra donc

$$E\,\delta Q = T\,\delta \frac{\partial \mathfrak{F}}{\partial T}.$$

Appliquons cette équation (30) au problème suivant :

Un corps parfaitement doux est plongé dans un milieu magnétique. Il est soumis à l'action d'aimants permanents et de forces extérieures quelconques. Il se meut sans éprouver aucun frottement. On suppose que la distribution magnétique est, à chaque instant, sur le corps et dans le milieu, celle qui conviendrait à l'équilibre si l'on arrêtait le corps dans la position qu'il occupe à cet instant. Quelle quantité de chaleur est, à chaque instant, dégagée par le système?

Le potentiel magnétique ne dépendant pas de la température, on voit que l'on a, dans le cas actuel,

$$\begin{aligned}\frac{\partial \mathfrak{F}}{\partial T} = E\frac{\partial}{\partial T}(U - TS) + \int \frac{\partial}{\partial T}\mathfrak{F}_1(\mathfrak{M}_1, T)\,dv_1 \\ + \int \frac{\partial}{\partial T}\mathfrak{F}_2(\mathfrak{M}_2, T)\,dv_2 + \int \frac{\partial}{\partial T}\mathfrak{F}_3(\mathfrak{M}_3, T)\,dv_3.\end{aligned}$$

On en déduit

$$\begin{aligned}(31)\quad \delta\frac{\partial \mathfrak{F}}{\partial T} = \int \frac{\partial}{\partial T}\left[\frac{1}{\mathfrak{M}_2}\frac{\partial \mathfrak{F}_2(\mathfrak{M}_2, T)}{\partial \mathfrak{M}_2}\right](\mathcal{A}_2\,\delta\mathcal{A}_2 + \mathcal{B}_2\,\delta\mathcal{B}_2 + \mathcal{C}_2\,\delta\mathcal{C}_2)\,dv_2 \\ + \int \frac{\partial}{\partial T}\left[\frac{1}{\mathfrak{M}_3}\frac{\partial \mathfrak{F}_3(\mathfrak{M}_3, T)}{\partial \mathfrak{M}_3}\right](\mathcal{A}_3\,\delta\mathcal{A}_3 + \mathcal{B}_3\,\delta\mathcal{B}_3 + \mathcal{C}_3\,\delta\mathcal{C}_3)\,dv_3.\end{aligned}$$

Mais on a

$$\frac{1}{\mathfrak{M}_2}\frac{\partial \mathfrak{F}_2(\mathfrak{M}_2, T)}{\partial \mathfrak{M}_2} = \frac{1}{F_2(\mathfrak{M}_2, T)},$$

$$\frac{1}{\mathfrak{M}_3}\frac{\partial \mathfrak{F}_3(\mathfrak{M}_3, T)}{\partial \mathfrak{M}_3} = \frac{1}{F_3(\mathfrak{M}_3, T)};$$

les égalités (30) et (31) donnent donc

$$(32)\quad \mathrm{E}\,\delta\mathrm{Q} = \mathrm{T}\int \frac{1}{[\mathrm{F}_2(\mathfrak{M}_2, \mathrm{T})]^2} \frac{\partial \mathrm{F}_2(\mathfrak{M}_2, \mathrm{T})}{\partial \mathrm{T}} (\mathcal{A}_2\,\delta\mathcal{A}_2 + \mathcal{B}_2\,\delta\mathcal{B}_2 + \mathcal{C}_2\,\delta\mathcal{C}_2)\,dv_2$$
$$+ \mathrm{T}\int \frac{1}{[\mathrm{F}_3(\mathfrak{M}_3, \mathrm{T})]^2} \frac{\partial \mathrm{F}_3(\mathfrak{M}_3, \mathrm{T})}{\partial \mathrm{T}} (\mathcal{A}_3\,\delta\mathcal{A}_3 + \mathcal{B}_3\,\delta\mathcal{B}_3 + \mathcal{C}_3\,\delta\mathcal{C}_3)\,dv_3.$$

Supposons, en particulier, que F_2, F_3 se réduisent à des coefficients d'aimantation, k_2, k_3, indépendants de $\mathfrak{M}_2$, $\mathfrak{M}_3$. On aura alors, en désignant par $\mathcal{V}$ la fonction potentielle magnétique totale,

$$\mathcal{A}_2 = -k_2\frac{\partial\mathcal{V}}{\partial x_2}, \qquad \mathcal{A}_3 = -k_3\frac{\partial\mathcal{V}}{\partial x_3},$$
$$\mathcal{B}_2 = -k_2\frac{\partial\mathcal{V}}{\partial y_2}, \qquad \mathcal{B}_3 = -k_3\frac{\partial\mathcal{V}}{\partial y_3},$$
$$\mathcal{C}_3 = -k_2\frac{\partial\mathcal{V}}{\partial z_2}, \qquad \mathcal{C}_3 = -k_3\frac{\partial\mathcal{V}}{\partial z_3},$$

et l'égalité (32) deviendra

$$(33)\quad \mathrm{E}\,\delta\mathrm{Q} = \frac{\mathrm{T}}{2}\frac{d\,k_2(\mathrm{T})}{d\mathrm{T}}\,\delta\int\left[\left(\frac{\partial\mathcal{V}}{\partial x_2}\right)^2 + \left(\frac{\partial\mathcal{V}}{\partial y_2}\right)^2 + \left(\frac{\partial\mathcal{V}}{\partial z_2}\right)^2\right]dv_2$$
$$+ \frac{\mathrm{T}}{2}\frac{d\,k_3(\mathrm{T})}{d\mathrm{T}}\,\delta\int\left[\left(\frac{\partial\mathcal{V}}{\partial x_3}\right)^2 + \left(\frac{\partial\mathcal{V}}{\partial y_3}\right)^2 + \left(\frac{\partial\mathcal{V}}{\partial z_3}\right)^2\right]dv_3.$$

On a, en général,

$$\mathcal{V} = \mathcal{V}_1 + \mathcal{V}_2 + \mathcal{V}_3.$$

Si le corps et le milieu sont peu magnétiques, cette égalité se réduit sensiblement à

$$\mathcal{V} = \mathcal{V}_1.$$

L'égalité (33) devient alors

$$(34)\quad \mathrm{E}\,\delta\mathrm{Q} = \frac{\mathrm{T}}{2}\frac{d\,k_2(\mathrm{T})}{d\mathrm{T}}\,\delta\int\left[\left(\frac{\partial\mathcal{V}_1}{\partial x_2}\right)^2 + \left(\frac{\partial\mathcal{V}_1}{\partial y_2}\right)^2 + \left(\frac{\partial\mathcal{V}_1}{\partial z_2}\right)^2\right]dv_2$$
$$+ \frac{\mathrm{T}}{2}\frac{d\,k_3(\mathrm{T})}{d\mathrm{T}}\,\delta\int\left[\left(\frac{\partial\mathcal{V}_1}{\partial x_3}\right)^2 + \left(\frac{\partial\mathcal{V}_1}{\partial y_3}\right)^2 + \left(\frac{\partial\mathcal{V}_1}{\partial z_3}\right)^2\right]dv_3.$$

Or, dans l'ensemble de l'espace $v_2 + v_3$, la fonction $\mathcal{V}_1$ est régulière. Si donc nous désignons par $d\sigma_1$ un élément de la surface du corps 1, par N_2 la normale de cet élément vers l'intérieur de l'espace v_2, nous aurons

$$\int\left[\left(\frac{\partial \mathcal{V}_1}{\partial x_2}\right)^2+\left(\frac{\partial \mathcal{V}_1}{\partial y_2}\right)^2+\left(\frac{\partial \mathcal{V}_1}{\partial z_2}\right)^2\right]dv_2$$
$$+\int\left[\left(\frac{\partial \mathcal{V}_1}{\partial x_3}\right)^2+\left(\frac{\partial \mathcal{V}_1}{\partial y_3}\right)^2+\left(\frac{\partial \mathcal{V}_1}{\partial z_3}\right)^2\right]dv_3$$
$$=-\int \mathcal{V}_1\,\Delta\mathcal{V}_1\,dv_2-\int \mathcal{V}_1\,\Delta\mathcal{V}_1\,dv_3-\mathbf{S}\,\mathcal{V}_1\frac{\partial \mathcal{V}_1}{\partial N_2}\,d\sigma_1.$$

Or, dans tout l'espace (v_2+v_3), on a

$$\Delta\mathcal{V}_1=0.$$

On a donc

$$\int\left[\left(\frac{\partial \mathcal{V}_1}{\partial x_2}\right)^2+\left(\frac{\partial \mathcal{V}_1}{\partial y_2}\right)^2+\left(\frac{\partial \mathcal{V}_1}{\partial z_2}\right)^2\right]dv_2$$
$$+\int\left[\left(\frac{\partial \mathcal{V}_1}{\partial x_3}\right)^2+\left(\frac{\partial \mathcal{V}_1}{\partial y_3}\right)^2+\left(\frac{\partial \mathcal{V}_1}{\partial z_3}\right)^2\right]dv_3+\mathbf{S}\,\mathcal{V}_1\frac{\partial \mathcal{V}_1}{\partial N_2}\,d\sigma_1=0.$$

On déduit aisément de là

$$\delta\int\left[\left(\frac{\partial \mathcal{V}_1}{\partial x_2}\right)^2+\left(\frac{\partial \mathcal{V}_1}{\partial y_2}\right)^2+\left(\frac{\partial \mathcal{V}_1}{\partial z_2}\right)^2\right]dv_2$$
$$+\delta\int\left[\left(\frac{\partial \mathcal{V}_1}{\partial x_3}\right)^2+\left(\frac{\partial \mathcal{V}_1}{\partial y_3}\right)^2+\left(\frac{\partial \mathcal{V}_1}{\partial z_3}\right)^2\right]dv_3=0,$$

résultat qui, reporté dans l'égalité (34), donne

$$\text{(35)}\qquad E\,\delta Q=\frac{T}{2}\,\frac{d}{dT}\left[k_3(T)-k_2(T)\right]$$
$$\times\,\delta\int\left[\left(\frac{\partial \mathcal{V}_1}{\partial x_3}\right)^2+\left(\frac{\partial \mathcal{V}_1}{\partial y_3}\right)^2+\left(\frac{\partial \mathcal{V}_1}{\partial z_3}\right)^2\right]dv_3.$$

Cette égalité (35) peut s'énoncer de la manière suivante :

Un champ magnétique, engendré par des aimants permanents, est rempli par un milieu peu magnétique dans lequel est plongé un corps peu magnétique. On déplace ce corps de manière que la moyenne du carré de l'intensité du champ aux divers points de l'espace qu'il occupe aille en croissant. Si l'excès du coefficient d'aimantation du corps sur le coefficient d'aimantation du milieu croît avec la température, la modifi-

cation entraîne un dégagement de chaleur. Elle entraîne une absorption de chaleur si le même excès décroît lorsque la température croît.

Cette proposition avait été déjà énoncée par Sir W. Thomson pour le cas où le corps magnétique n'est pas plongé dans un milieu magnétique. M. Paul Janet (¹) a déjà fait remarquer que, dans ce cas, la proposition de Sir W. Thomson découle des formules que j'avais indiquées.

(¹) *Journal de Physique pure et appliquée*, juillet 1889.

www.ingramcontent.com/pod-product-compliance
Lightning Source LLC
LaVergne TN
LVHW050425160826
845677LV00002BA/546

* 9 7 8 2 3 2 9 6 9 1 0 5 3 *